普通车工技能训练

PUTONG CHEGONG JINENG XUNLIAN

罗春清　周学文◎主编

四川科学技术出版社

图书在版编目（CIP）数据

普通车工技能训练 / 罗春清，周学文主编. ——成都：四川科学技术出版社，2021.12

ISBN 978-7-5727-0439-0

Ⅰ.①普… Ⅱ.①罗… ②周… Ⅲ.①车削–中等专业学校–教材 Ⅳ.①TG510.6

中国版本图书馆 CIP 数据核字（2021）第 268441 号

普通车工技能训练

PUTONG CHEGONG JINENG XUNLIAN

主　　编	罗春清　　周学文
出 品 人	程佳月
责任编辑	周美池
责任出版	欧晓春
出版发行	四川科学技术出版社
	成都市槐树街 2 号　邮政编码　610031
	官方微博：http://e.weibo.com/sckjcbs
	官方微信公众号：sckjcbs
	传真：028-87734035
成品尺寸	170mm×240mm
印　　张	10　　字数　195 千
印　　刷	成都勤德印务有限公司
版　　次	2022 年 3 月第 1 版
印　　次	2022 年 3 月第 1 次印刷
定　　价	35.00 元

ISBN 978-7-5727-0439-0

省示范中等职业学校骨干专业课程体系建设委员会

主　任　李文峰
副主任　张兴林
成　员　何杰卓　李思勇　洪文锦　李勇生
　　　　何晓波　苟明湘　何子益　蒲朝光

编　委　会

主　编　罗春清　周学文
参　编　杨正泽　杨　颖　王晓之
主　审　游洪建　钟如全　刘春德

合作企业：四川九洲电器集团有限责任公司
　　　　　四川中车复合材料结构有限公司
　　　　　佛山市顺德区莱利达工程设备有限公司
　　　　　广元欣源设备制造有限公司

前　言

　　《普通车工技能训练》是根据教育部关于中等职业教育教学改革的意见，按照四川省中等职业示范学校骨干专业特色发展和专业教学课程建设体系要求，为了培养中职学校学生具有适应第一职业的能力及科学合理地安排中职专业技能实践教学活动，让学生达到操作技能型人才的要求，而组织编写的。

　　本书的主要特点有：

　　（1）按照模块式项目化理念组织教材编写，书中每个项目均有任务要求，实训项目尽量实例化、实用化、规范化，让学生明确实训教学目标，并且轻松掌握技能操作要领和提高操作水平。

　　（2）本书以岗位模拟的教学环境和实训工件及企业订单为载体，探索实行教、学、做、检的"四位一体"技能教学模式，以培养学生熟练掌握车工基本技能为目标，突出了相应岗位基本技能和综合核心技能的训练。

　　（3）本书项目设置由浅入深、循序渐进，将专业理论工艺知识、加工步骤等以通俗的操作口诀融入技能训练中，培养学生学习兴趣，让学生感到学有所用，达到理论和实践有机结合。

　　（4）本书采用"三类四元"，即单一实训项目、综合实训项目、订单产品三类技能考核内容和学生、小组、教师、企业四元测评的技能评价模式，分为五个模块实训，以便科学、有序地开展专业车工技能实训教学。

本书的编写邀请了行业专家四川九洲电器集团游洪建技能大师、四川中车复合材料结构有限公司刘春德总经理、职教专家四川信息职业技术学院钟如全教授进行了指导和审订工作，在此一并感谢。

由于编者水平有限，书中的疏漏和不足之处在所难免，敬请读者批评指正和提出宝贵意见。

编　者

目　录

模块一　车工入门技能训练

实训项目一　安全文明生产

实训目标

（1）掌握"安全第一，文明实训"的含义。

（2）掌握《普通车床安全操作规程》《车工安全教育十点》。

（3）树立"安全第一，文明实训"的良好作风，形成安全第一的意识。

实训准备

（1）CA6140 车床。

（2）《车工安全操作手册资料》。

（3）《车工实训规章制度》、同行企业的安全警示图片。

实训内容

（一）普通车床安全操作规程

（1）开车前，应检查机床设备各部分是否完好正常，防护罩壳是否牢靠；车削实训时要戴好防护眼镜，严禁戴手套。

（2）卡盘上装夹的工件，必须牢固可靠。工件夹好后，应取下卡盘扳手，加工偏心工件时，加平衡块要坚固可靠。加工前，应先开慢车速检查。

（3）加工细长工件时，后端不宜伸出床头过长，必要时可加支架；车速不应过高，防止开车后把料甩出伤人。

（4）装卸卡盘和大的工、夹、量具时，先关闭电源，必须把手柄推到

1

空挡位置，床面要垫木块。开始切削时，刀架、床头和导轨面上不得放置工件或工、夹、量具。

（5）机床开动后，吃刀不能过猛，不准擦机床。清理铁屑时，必须用工具。过长的铁屑应停车后清理。严禁用手去拉铁屑和拿刚加工完的工件。

（6）在车床上打磨或抛光工件时，应扎紧袖口，注意不要让衣服或胳膊碰到卡盘或工件，然后将刀架退到安全位置，均匀用力。操作时，不准使用无柄锉刀，并禁止将砂布缠在工作物上打光。

（7）机床运转时，严禁隔着工件传送物件，不许脚踩光丝杆、床面或靠在机床上。

（8）在切削中，不得将手伸至致电工作物和刀具接触处，更不得用棉纱擦拭工件和刀具。攻丝和套丝时，必须使用专用工具，不准一手扶丝攻架，一手开车。

（9）装换刀具、工件、卡具及测量和变速时，需待机床停稳后方可进行。

（二）车工的文明生产

（1）工作时所用的工、夹、量具及车削工件，应尽可能集中在操作者的周围。量具不能直接放在机床的导轨面上。

（2）工具箱内应分类布置，不能将量具与刀具同放在一层内。较重的工具应放在下面。工具箱应保持清洁、整齐。

（3）加工图样、工艺卡片应夹在工作盘上，便于阅读，并保持图样的整洁与完整。

（4）工件毛坯、已车削工件要分开堆放。

（5）机床周围应经常保持畅通、清洁。

（6）量具用完后擦净、涂油，放入盒内并及时归还工具室。

（三）车床安全操作"三不伤害"原则的内容

（1）"我不伤害自己"。严格遵守规则制度与操作制度，不违章伤害自己。

（2）"我不伤害他人和设备"。严格遵守规则制度与操作制度，不违章伤害他人与设备。

（3）"我不被他人和设备伤害"。出现他人违章，会保护自己。设备事故中有保护自己的办法。

（四）车工安全教育十点

（1）卡盘钥匙不得长时间插在卡盘上，防止飞出伤人。

（2）床头箱不得堆放重物，防止落下开机伤人。

（3）搞卫生时应先切断电源，并把手柄置于空挡。

（4）操作时不准戴手套，防止被卷入。

（5）开机时不得把手、头伸入机床内去进行任何操作。

（6）工件装夹应牢固可靠，防止工件飞出伤人。

（7）操作时应戴护目镜，防止切屑或尘物进入眼睛。

（8）当切屑缠绕时，应用铁铲或刷子清除，绝不能用手去拉。

（9）磨刀时，用力不要过大；大件磨削时，避免对砂轮造成冲击，防止砂轮破碎。

（10）磨刀时，动作不要过大，防止滑脱伤手，同时戴好护目镜，保护眼睛。

实训任务

（1）教师讲解车工安全文明生产知识。

（2）明确对学生安全文明生产考核项目。（详见表 1 – 1）

①普通车床安全操作规程。

②车工的文明生产。

③车床安全操作"三不伤害"原则。

④车工安全教育十点。

⑤实训纪律。

表 1-1　安全文明生产评分标准

序号	考核项目	配分（分）	学生自评	小组评价	教师评价	企业评价	备注
1	普通车床安全操作规程	20					
2	车工的文明生产	30					
3	车床安全操作"三不伤害"原则	30					
4	车工安全教育十点	10					
5	实训纪律	10					
6	合　计	100					

实训项目二　车床的基本操作

实训目标

（1）会正确使用和操作车床。

（2）了解车床各手柄的作用和操作方法。

（3）了解车床铭牌含义，进行开车和不开车练习，学会独立操作车床。

（4）严格遵守车床操作安全规则，注意人身及设备安全，防止发生人身及设备事故。

实训器材

CA6140 车床

实训内容

（1）车床的型号、规格、加工特点、加工范围以及加工零件的精度。

（2）车床的组成、传动系统及操作方法。

基本知识

（一）车床的构成部件与加工内容

1. 车床主要部件

车床的主要部件包括：三箱、两杠、两座。

（1）三箱是指主轴变速箱、进给箱、溜板箱（另外还有挂轮箱）。

（2）两杠是指光杠、丝杠（另有操纵杆）。

（3）两座是指刀架、尾座。

CA6140 的构成部件：主轴变速箱、交换齿轮箱、进给箱、溜板箱、尾座等。（详见图 1-1）

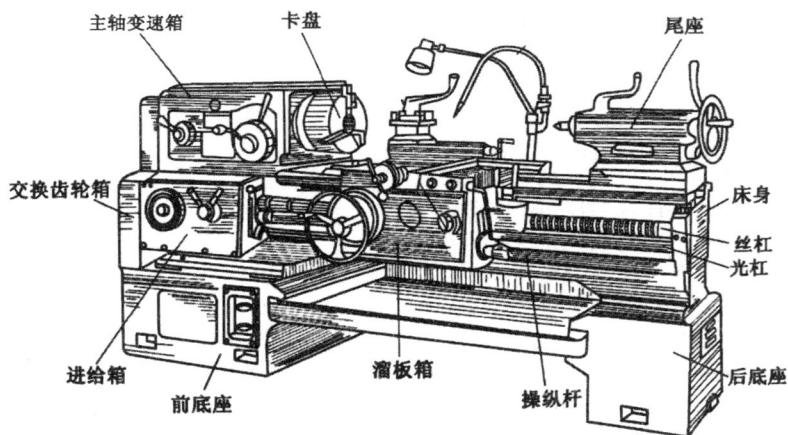

图 1-1　CA6140 的构成

2. 车床的传动系统

CA6140 型卧式车床的传动系统，如图 1-2 所示。

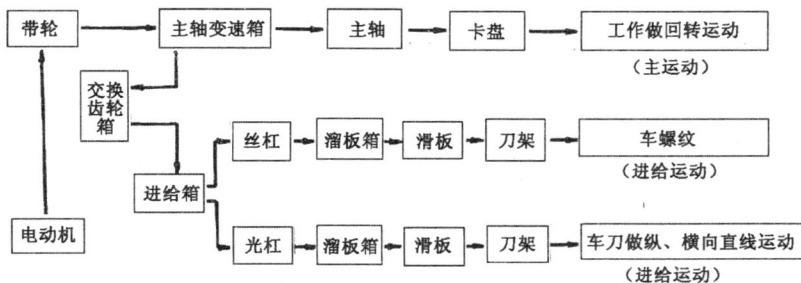

图 1-2　CA6140 型卧式车床的传动系统

5

3. 车床的加工内容

在机械加工车间中，车床数约占机床总数的一半左右。车床的加工范围很广，主要加工各种回转表面，其中包括端面、外圆、内圆、锥面、螺纹、回转沟槽、回转成形面和滚花等内容。

（二）卧式车床型号

机床的牌号：CA6140。

机床类别代号：车床类。

机床型别代号：普通车床型。

机床组别代号：普通车床组。

主参数代号：最大车削直径的 1/10，即 400 mm。

（三）车床的工作范围

车床的工作范围广泛，如图 1-3 所示。车削加工的精度一般为 IT9 ~ IT6，表面粗糙度 Ra 值一般为 12.5 μm ~ 1.6 μm。能对不易进行磨削加工的有色金属采用金刚石车刀精细车削，精度等级可达 IT6 ~ IT5，表面粗糙度 Ra 值可达 0.4 μm。

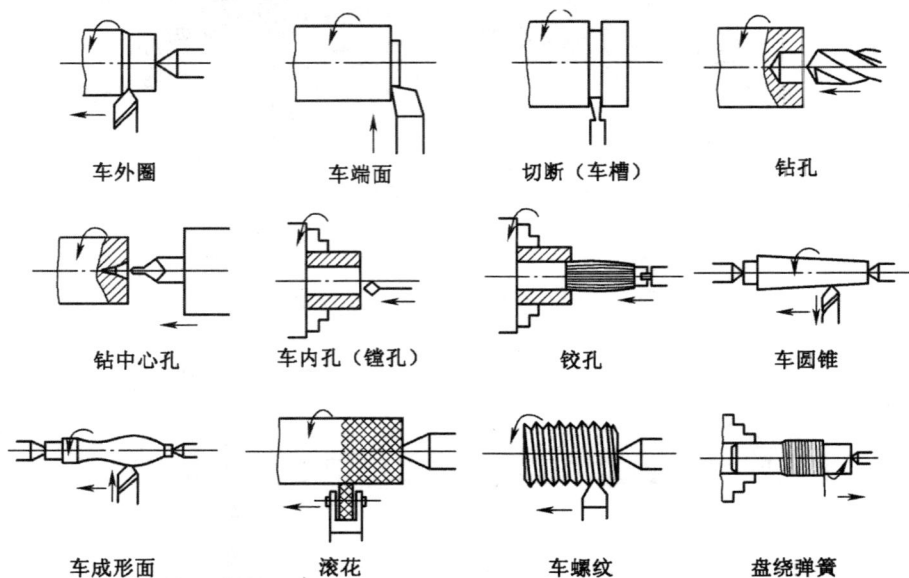

车外圈	车端面	切断（车槽）	钻孔
钻中心孔	车内孔（镗孔）	铰孔	车圆锥
车成形面	滚花	车螺纹	盘绕弹簧

图 1-3　车床的工作范围

实训任务

任务一　车床的操作训练

1. 操作训练内容

（1）启动车床的操作，掌握启动车床的先后步骤。

（2）用操纵杆控制主轴正、反转和停车训练。

2. 主轴箱的变速操作训练

操作训练内容：

（1）调整主轴转速至 115 r/min；400 r/min；1 000 r/min。

（2）选择车削右旋螺纹和车削左旋，加大螺距螺纹的手柄位置。

3. 进给箱操作训练

操作训练内容：

（1）确定车削螺距为 1 mm、1.5 mm、2.0 mm 的米制螺纹在进给箱上的手轮和手柄的位置，并调整。

（2）确定选择纵向进给量为 0.46 mm、横向进给量为 0.20 mm 时，手轮与手柄的位置，并调整。

4. 溜板部分的操作训练

操作训练内容：

（1）熟练操作使床鞍左、右纵向移动。

（2）熟练操作使中滑板沿横向进、退刀。

（3）熟练操作控制小滑板沿纵向做短距离左、右移动。

5. 刻度盘及分度盘的操作训练

操作训练内容：

（1）若刀架需向左纵向进刀 250 mm，应该操纵哪个手柄（或手轮）？其刻度盘转过的格数为多少？实施操作。

（2）若刀架需横向进刀 0.5 mm，中滑板手柄刻度盘应朝什么方向转动？转过多少格？实施操作。

（3）若需车制圆锥角 $\alpha = 30°$ 的正锥体（即小头在右），小滑板分度盘应如何转动？实施操作。

6. 自动进给的操作训练

操作训练内容：

刀架实现纵、横向机动进给操纵机构。

7. 开合螺母操作手柄的训练

操作训练内容：

根据所需螺距和螺纹调配表选择好走刀箱相关手轮、手柄的位置后，做如下操作训练。

（1）不扳下开合螺母操纵手柄，观察溜板箱的运动状态。

（2）扳下开合螺母操纵手柄后，再观察溜板箱是否按选定的螺距做纵向运动。体会开台螺母操纵手柄压下与扳起时手中的感觉。

（3）先横向退刀，然后快速右向纵进，实现车完螺纹后的快速纵向退刀。

8. 刀架的操作训练

操作训练内容：

（1）刀架上不装夹车刀，进行刀架转位和锁紧的操作训练。体会刀架手柄转位或锁紧刀架时的感觉。

（2）刀架上安装四把车刀，再进行刀架转位与锁紧的操作训练。

当刀架上装有车刀时，转动刀架时其上的车刀也随同转动，注意避免车刀与工件或卡盘相撞。必要时，在刀架转位前可将中滑板向远离工件的方向退出适当距离。

9. 尾座的操作训练

（1）尾座套筒进、退移动操作训练，掌握操作方法。

（2）尾座沿床身向前移动，固定操作训练，掌握操作方法。

任务二 车床测试

测试一：主轴调速练习。

测试二：按老师给定的走刀量进行纵、横向自动走刀。

表1-2　车床基本操作评分标准

序号	项目	考核要点	配分（分）	评分标准及扣分	学生自评	小组评价	教师评价	企业评价
1	车床组成	主轴变速箱	4	位置和作用各2分				
2		交换变速箱	4	位置和作用各2分				
3		进给箱	4	位置和作用各2分				
4		溜板箱	4	位置和作用各2分				
5		床鞍	4	位置和作用各2分				
6		大滑板	4	位置和作用各2分				
7		中滑板	4	位置和作用各2分				
8		小滑板	4	位置和作用各2分				
9		刀架	4	位置和作用各2分				
10		尾座	4	位置和作用各2分				
11		床身	4	位置和作用各2分				
12		冷却部分	4	位置和作用各2分				
13		卡盘	4	位置和作用各2分				
14		支架	4	位置和作用各2分				
15		丝杠	4	位置和作用各2分				
16		光杠	4	位置和作用各2分				
17		后底座	4	位置和作用各2分				
18		前底座	4	位置和作用各2分				
19		操纵杆	4	位置和作用各2分				
20		光照	4	位置和作用各2分				
21	简单练习	开车练习	4	开关机各2分				
22		不开车练习	4	操作错误1次扣1分				
23	车床基本知识	车床加工特点	4	错误不得分				
24		车床工作范围	4	错误不得分				
25		车床加工精度	4	错误不得分				
26	合计		100					

实训项目三　车床的润滑和维护保养

实训目标

（1）了解车床维护保养的重要意义。

（2）掌握车床日常注油方式。

（3）掌握车床的日常清洁维护保养要求。

实训器材

CA6140 车床　弹子油杯

基本知识

为了保持车床正常运转和延长其使用寿命，应注意日常的维护保养。车床的摩擦部分必须进行润滑。

（一）车床润滑的几种方式

（1）浇油润滑。通常用于外露的滑动表面，如床身导轨面和滑板导轨面等。

（2）溅油润滑。通常用于密封的箱体中，如车床的主轴变速箱。利用齿轮转动把润滑油溅到油槽中，然后输送到各处进行润滑。

（3）油绳导油润滑。通常用于车床进给箱、溜板箱的油池。利用毛线吸油和渗油的能力，把机油慢慢地引到所需要的润滑处，见图 1 - 4（a）。

（4）弹子油杯注油润滑。通常用于尾座和滑板摇手柄转动的轴承处。注油时，以油嘴把弹子按下，滴入润滑油，见图 1 - 4（b）。使用弹子油杯的目的，是为了防尘、防屑。

（5）黄油（油脂）杯润滑。通常用于车床挂轮架的中间轴。使用时，先在黄油杯中装满工业油脂，当拧紧油杯盖时，油脂就挤进轴承套内，比加机油方便。使用油脂润滑的另一特点是：存油期长，不需要每天加油，见图 1 - 4（c）。

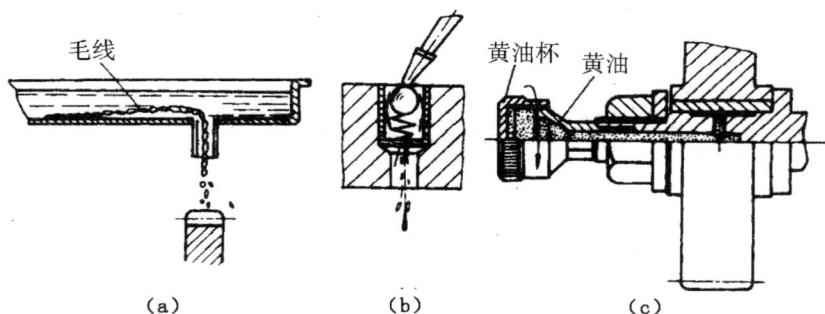

图1-4　车床润滑的三种方式

（6）油泵输油润滑。通常用于转速高、润滑油需要量大的机构中，如车床的主轴箱一般都采用油泵输油润滑。

（二）车床的润滑系统

为了正确润滑自用车床，现以 CA6140 型车床为例来说明润滑的部位及要求。CA6140 型车床的润滑系统见图 1-5。润滑部位用数字标出，图中除了 1、4、5 处的润滑部位用黄油进行润滑外，其余都使用 30 号机油。

主轴变速箱的储油量。通常以油面达到油窗高度为宜。箱内齿轮用溅油方式进行润滑，主轴后轴采用油绳导油润滑，车床主轴前轴等重要润滑部位用往复式油泵输油润滑。

主轴变速箱上有一个油窗。如发现油孔内无油输出，说明油泵输油系统有故障，应立即停车检查断油原因，等修复后才可开动车床。

主轴变速箱、进给箱和溜板箱内的润滑油一般每三个月更换一次，换油时应在箱体内用煤油清洗后再加油。

挂轮箱上的正反机构主要靠齿轮溅油润滑，油面的高度可以通过油窗孔看出，换油期也是每三个月一次。

进给箱内的轴承和齿轮，除了用齿轮溅油方式进行润滑外，还靠进给箱上部的储油池通过油绳导油润滑。因此除了注意进给箱油窗内油面的高度外，每班还要给进给箱上部的储油池加油一次。

溜板箱内脱落蜗杆机构用箱体内的油来润滑。油从盖板 6 中注入（见图1-5），其储油量通常加到这个孔的下面边缘为止。溜板箱内其他机构，用它上部储油池里的油绳导油润滑，润滑油由孔 16 和孔 17 注入（见图1-6）。

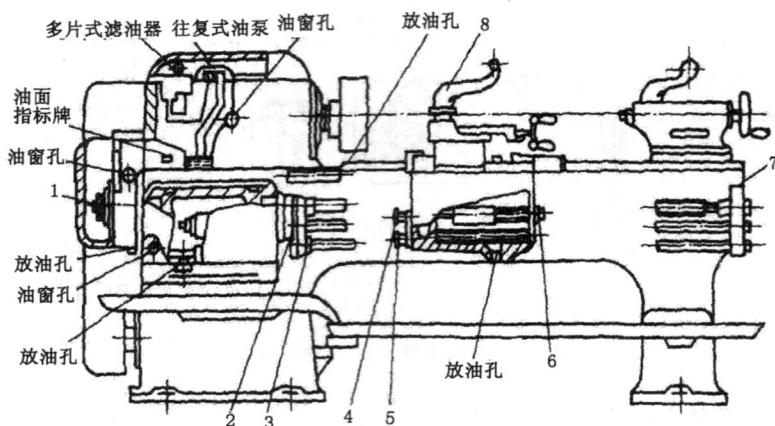

图 1-5 CA6140 型车床的润滑系统（一）

床鞍、中滑板、小滑板部分、尾座和光杠丝杠等轴承，靠油孔注油润滑（图 1-5、图 1-6 中标注 8~23 和 2、3、7 处），每班加油一次。

挂轮架中间齿轮轴承和溜板箱内换向齿轮的润滑（图 1-5 中标注 1、4、5 处）每周加黄油一次，每天向轴承中旋进一部分黄油。

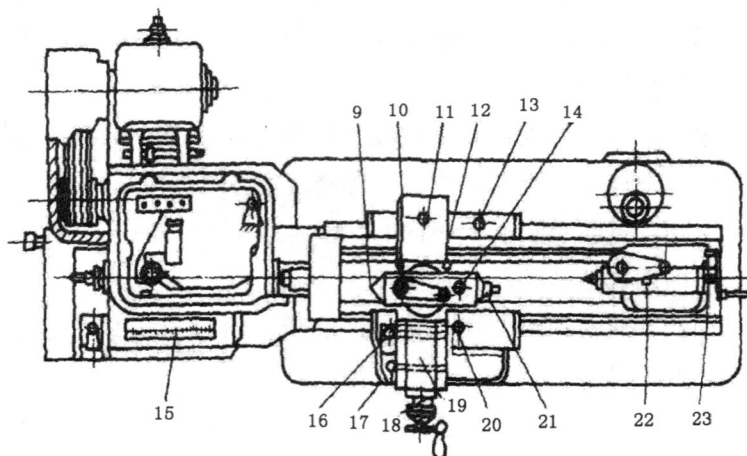

图 1-6 CA6140 型车床的润滑系统（二）

（三）车床的日常保养维护要求

（1）每班工作后应擦净车床导轨面（包括中滑板和小滑板），要求无油污、无铁屑，并浇油润滑，使车床外表清洁和场地规范。

（2）每周要求车床三个导轨面及转动部位清洁、润滑，油眼畅通，油窗清晰，清洗护床油毛毡，并保持车床外表清洁和场地整齐等。

（四）车床的一级保养与二级保养内容

当车床运行 500 小时后，需进行一级保养，即清洗、润滑和进行必要的调整。现主要介绍车床一、二级保养内容和要求。

1. 床头箱

一级保养内容：①拆洗滤油器；②检查主轴定位螺丝，调整适当；③调整摩擦片间隙和刹车带；④检查油质保持良好。

二级保养内容：①同上；②清洗换油；③检查并更换必要的磨损件。

2. 刀架及拖板

一级保养内容：①拆洗刀架、小拖板中溜板各件；②安装时调整好中溜板、小拖板的丝杠间隙和塞铁间隙。

二级保养内容：①同上；②拆洗大拖板，疏通油路，清除毛刺；③检查并更换必要的磨损件。

3. 挂轮箱

一级保养内容：①拆洗挂轮及挂轮架并检查轴套有无晃动现象；②安装时调整好齿轮间隙并注入新油脂。

二级保养内容：①同上；②检查并更换必要的磨损件。

4. 尾座

一级保养内容：①拆洗尾座各部；②清除研伤毛刺，检查丝扣、丝母间隙；③安装时要求达到灵活可靠。

二级保养内容：①同上；②检查、修复尾座套筒锥度；③检查，并更换必要的磨损件。

5. 走刀箱、溜板箱

一级保养内容：清洗油线，注入新油。

二级保养内容：走刀箱、溜板箱整体拆下清洗检查并更换必要的磨损件。

6. 外表

一级保养内容：①清洗机床外表及死角，拆洗各罩盖，要求内外清洁、无锈蚀、无黄袍，漆见本色、铁见光；②清洗三杠及齿条，要求无油

13

污；③检查补齐螺钉、手球、手板。

二级保养内容：①同上；②检查导轨面，修光毛刺，对研伤部位进行必要的修复。

7. 润滑冷却

一级保养内容：①清洗冷却泵、冷却槽；②检查油质是否良好，油杯是否齐全，油窗是否明亮；③清洗油线、油毡，注入新油，要求油路畅通。

二级保养内容：①同上；②拆洗油泵，检查并更换必要的磨损件。

8. 电器

一级保养内容：清扫电机及电器箱内外尘土。

二级保养内容：①同上；②检修电器，根据需要拆洗电机，更换油脂。

9. 精度

一级保养内容：检查并调整使主要几何精度能达到出厂标准，使车床满足生产工艺要求。

二级保养内容：同上。

表 1-3　车床润滑和维护保养评分标准

序号	项目	考核要点	配分（分）	评分标准	学生自评	小组评价	教师评价	企业评价
1	重要意义	内　容	10	少一条扣2分				
2	注油种类	注油种类	10	少一种扣2分				
3	车床润滑的方式	浇油润滑	10	错误不得分				
4		溅油润滑	10	错误不得分				
5		油绳导油润滑	10	错误不得分				
6		弹子油杯注油润滑	10	错误不得分				
7		黄油（油脂）杯润滑	10	错误不得分				
8		油泵输油润滑	10	错误不得分				
9	保养	保养要求	20	少一条扣2分				
10	小　计		100					

实训项目四 自定心卡盘的拆卸和安装

实训目标

（1）了解自定心卡盘（三爪卡盘）的规格、结构及其作用。

（2）能掌握自定心卡盘零部件的装拆。

（3）能根据装夹需要，更换正反卡爪。

（4）能在主轴上装卸自定心卡盘和掌握装卸时的安全知识。

实训器材

CA6140 车床 卡盘扳手

基本知识

（一）三爪自定心卡盘的连接形式

三爪自定心卡盘有两种连接形式，短圆柱及短圆锥。前者通过过渡盘与机床主轴连接，以适应早些年我国机床主轴端部不统一的状况。随着主轴端部标准 JB2521－79《法兰式车床主轴端部尺寸》及 GB/T5900－97《机床法兰式主轴端部与花盘互换性尺寸》相继颁布，按 GB/T5900－97规定生产的短圆锥式卡盘不通过过渡盘直接与机床连接，使机床工具系统刚性大大提高，从而提高了加工质量。目前短圆柱连接卡盘作为传统产品列入标准，以适应市场需要。当对短圆柱卡盘进行几何精度检验时，尚需注意应使其过渡盘连接为无间隙配合，以免定位误差，影响检验精度。

（二）三爪自定心卡盘的结构和形状

三爪自定心卡盘是车床上的常用工具，它的结构和形状见图 1－7。当卡盘扳手插入小锥齿轮 2 的方孔中转动时，就带动大锥齿轮 3 旋转。大锥齿轮 3 背面是平面螺纹，平面螺纹又和卡爪 4 的端面螺纹啮合，因此就能带动三个卡爪同时做向心或离心移动。

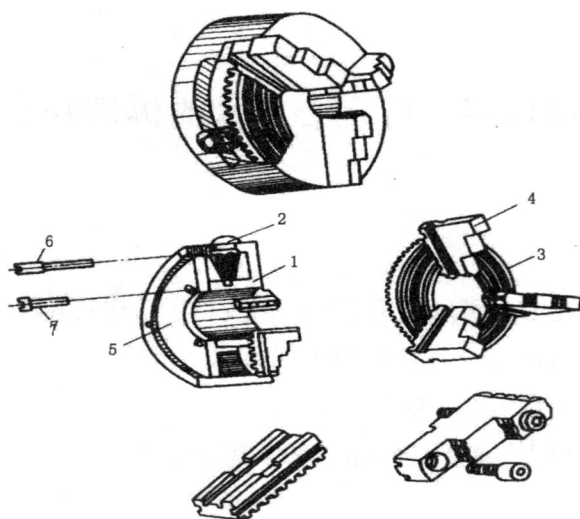

图 1 - 7　三爪自定心卡盘的结构及形状

（三）三爪自定心卡盘的规格和主要参数

三爪自定心卡盘规格和主要参数：三爪自定心卡盘，按卡盘直径分类，有 80 mm 、100 mm、125 mm 、160 mm、200 mm、250 mm、320 mm、400 mm、500 mm 九种规格。常用的公制规格：150mm、200mm、250mm。

（四）三爪自定心卡盘的拆装步骤

（1）拆三爪自定心卡盘零部件的步骤和方法，见图 1 - 7。

①松去三个定位螺钉 6，取出三个小锥齿轮 2。

②松去三个紧固螺钉 7，取出防尘盖板 5 和带有平面螺纹的大锥齿轮 3。

（2）装三个卡爪的方法。装卡盘时，用卡盘扳手的方榫插入小锥齿轮的方孔中旋转，带动大锥齿轮的平面螺纹转动。当平面螺纹的螺口转到将要接近壳体槽时，将 1 号卡爪装入壳体槽内。其余两个卡爪按 2 号、3 号顺序装入，装的方法与前相同。

（五）卡盘在主轴上的装卸

（1）装卡盘时，首先将连接部分擦净，加油确保卡盘安装的准确性。

（2）卡盘旋上主轴后，应使卡盘法兰的平面和主轴平面贴紧。

（3）卸卡盘时，在操作者对面的卡爪与导轨面之间放置一定高度的硬木块或软金属，然后将卡爪转至近水平位置，慢速倒车冲撞。当卡盘松动后，必须立即停车，然后用双手把卡盘旋下。

（六）注意事项

（1）安装卡盘时，应在主轴孔内插一铁棒，并垫好床面护板，防止砸坏床面。

（2）安装三个卡爪时，应按逆时针方向顺序进行，并防止平面螺纹转过头。

（3）安装卡盘时，不准开车，以防危险。

（七）三爪自定心卡盘检验中主要的测试项目

（1）卡盘的跳动：径向跳动和端面跳动。

（2）夹紧在卡爪大夹持弧中检验棒的跳动：径向跳动。

（3）夹紧在卡爪内台弧上检验环的跳动：径向跳动和端面跳动。

（4）撑紧在卡爪外台弧上检验环的跳动：径向跳动和端面跳动。

表 1-4 卡盘装拆操作评分标准

序号	项目	考核要点	配分（分）	评分标准及扣分	学生自评	小组评价	教师评价	企业评价
1	卡盘基本知识	规格	4	少一个扣1分				
2		结构	8	少一个扣1分				
3		作用	4	少一个扣1分				
4		种类	4	少一个扣1分				
5		正反爪	4	少一个扣1分				
6		三爪特点	8	少一个扣1分				
7	拆装步骤	拆装步骤1	4	错误不得分				
8		拆装步骤2	4	错误不得分				
9		拆装步骤3	4	错误不得分				
10		拆装步骤4	4	错误不得分				
11		拆装步骤5	4	错误不得分				
12		拆装步骤6	4	错误不得分				

续表

序号	项目	考核要点	配分（分）	评分标准及扣分	学生自评	小组评价	教师评价	企业评价
13	拆装步骤	拆装步骤7	4	错误不得分				
14		拆装步骤8	4	错误不得分				
15		拆装步骤9	4	错误不得分				
16		拆装步骤10	4	错误不得分				
17		拆装步骤11	4	错误不得分				
18		拆装步骤12	4	错误不得分				
19	拆装要求	加油	4	错误不得分				
20		贴紧	4	错误不得分				
21		方向	4	错误不得分				
22	安全要求	安全知识	8	错误一次扣1分				
23	小　计		100					

实训项目五　工件装夹与找正

实训目标

（1）掌握工件装夹、找正的意义。

（2）掌握工件装夹、找正方法及要求。

实训器材

CA6140A 车床　三爪自定心卡盘　心轴　花盘　顶尖　划针　铜棒游标卡尺　千分尺

基本知识

在车床上装夹工件的基本要求是定位准确，夹紧可靠。车削时必须把工件夹在车床的夹具上，经过校正、夹紧，使它在整个加工过程中始终保持正确的位置，这个工作叫作工件的安装。在车床上安装工件应使被加工表面的轴线与车床主轴回转轴线重合，保证工件处于正确的位置；同时要将工件夹紧，以防止在切削力的作用下工件松动或脱落，保证工作安全。

主要的安装方法有以下几种。

（一）心轴安装工件

盘套类零件因其外圆、内孔往往有同轴度要求，与端面有垂直度要求。因此，加工时要求在一次装夹中全部加工完毕，而实际生产中往往无法做到。如果把零件调头装夹再加工，则无法保证其位置精度要求，因此，可利用心轴安装进行加工。这时先加工孔，然后以孔定位，安装在心轴上，再把心轴安装在前、后顶尖之间来加工外圆和端面。

（1）锥度心轴其锥度为 1∶2 000～1∶5 000。工件压入后，靠摩擦力与心轴固紧。锥度心轴对中准确，装夹方便，但不能承受较大的切削力，多用于盘套类零件外圆和端面的精车。

（2）圆柱心轴工件装入圆柱心轴后需加上垫圈，用螺母锁紧。其夹紧力较大，可用于较大直径盘类零件外圆的半精车和精车。圆柱心轴外圆与孔配合有一定间隙，对中性较锥度心轴差。使用圆柱心轴，为保证内外圆同轴，孔与心轴之间的配合间隙应尽可能小。

（二）花盘安装工件

花盘是安装在车床主轴上的一个大圆盘，其端面有许多长槽，用以穿放螺拴，压紧工件。花盘的端面需平整，且应与主轴中心线垂直。

花盘安装适合于不能用卡盘装夹的形状不规则或大而薄的工件。当零件上需加工的平面相对于安装平面有平行度要求或加工的孔和外圆的轴线相对于安装平面有垂直度要求时，则可以把工件用压板、螺栓安装在花盘上加工。当零件上需加工的平面相对于安装平面有垂直度要求或需加工的孔和外圆的轴线相对于安装平面有平行度要求时，则可以用花盘、角铁（弯板）安装工件。角铁要有一定的刚度，用于贴靠花盘及安放工件的两个平面，应有较高的垂直度。

当使用花盘安装工件时，往往重心偏向一边，因此需要在另一边安装平衡块，以减小旋转时的离心力，并且主轴的转速应选得低一些。

（三）顶尖安装工件

较长的（长径比 $L/D = 4 \sim 10$）或加工工序较多的轴类工件，常采用两顶尖安装。工件装夹在前、后顶尖之间，由卡箍（又称鸡心夹头）、拨盘带动工件旋转（见直观教具）。

1. 中心孔的作用及结构

中心孔是轴类工件在顶尖上安装的定位基面。中心孔的 60°锥孔与顶尖上的 60°锥面相配合；里端的小圆孔，可保证锥孔与顶尖锥面配合贴切，并可存储少量润滑油（黄油）。

中心孔常见的有 A 型和 B 型。A 型中心孔只有 60°锥孔。B 型中心孔外端的 120°锥面又称保护锥面，用以保护 60°锥孔的外缘不被碰坏。A 型和 B 型中心孔，分别用相应的中心钻在车床或专用机床上加工。加工中心孔之前应先将轴的端面车平，防止中心钻折断。

2. 顶尖的种类

常用顶尖有普通顶尖（死顶尖）和活顶尖两种。普通顶尖刚性好，定心准确，但与工件中心孔之间因产生滑动摩擦而发热过多，容易将中心孔或顶尖"烧坏"，因此，尾架上是死顶尖，则轴的右中心孔应涂上黄油，以减小摩擦。死顶尖适用于低速加工精度要求较高的工件。活顶尖将顶尖与工件中心孔之间的滑动摩擦改成顶尖内部轴承的滚动摩擦，能在很高的转速下正常地工作。但活顶尖存在一定的装配积累误差，以及当滚动轴承磨损后，会使顶尖产生径向摆动，从而降低加工精度，故一般用于轴的粗车或半精车。

3. 顶尖的安装与校正

顶尖尾端锥面的圆锥角较小，所以前、后顶尖是利用尾端锥面分别与主轴锥孔和尾架套筒锥孔的配合而装紧的。因此，安装顶尖时必须先擦净顶尖锥面和锥孔，然后用力推紧。否则，装不正也装不牢。

校正时，将尾架移向主轴箱，使前、后两顶尖接近，检查其轴线是否重合。如不重合，需将尾架体作横向调节，使之符合要求。否则，车削的外圆将成锥面。

在两顶尖上安装轴件，两端是锥面定位，安装工件方便，不需校正，定位精度较高，经过多次调头或装卸，工件的旋转轴线不变，仍是两端60°锥孔的连线。因此，可保证在多次调头或安装中所加工的各个外圆，有较高的同轴度。

（四）三爪卡盘安装工件

三爪卡盘是车床上应用最广的通用夹具，是靠其法兰盘上的螺纹直接旋装在车床主轴上。由于三爪卡盘的三个爪是同时移动自行对中的，故适宜安装短棒或盘类（直径较大的盘状工件中，可用反三爪夹持）工件。当转动小伞齿轮时，大锥齿轮便转动，它背面的平面螺纹就使三个卡爪同时向中心靠近或退出，以夹紧不同直径的工件。三爪卡盘装夹方便能自动定心，由于制造误差和卡盘零件的磨损等原因，其定心准确度不高，为 0.05 ~ 0.15 mm。工件上同轴度要求较高的表面，应在一次装夹中车出。

三爪卡盘安装工件的步骤：

（1）工件在卡爪间放正，轻轻夹紧。

（2）开机，使主轴低速旋转，检查工件有无偏摆。若有偏摆，应停车后，轻敲工件纠正，然后拧紧三个卡爪；固紧后，须随即取下扳手，以保证安全。

（3）移动车刀至车削行程的最左端，手转动卡盘，检查是否与刀架相撞。

（五）工件的找正方法

1. 目测方法

直接观察，进行工件找正。

2. 使用画线盘找正方法

（1）轴类零件在三爪自定心卡盘的找正。

轴类零件的找正方法，见图 1 - 8（a）。通常找正外圆位置 1 和位置 2 两点。先找正位置 1 处外圆，后找正位置 2 处外圆。找正位置 1 时，可看出工件是否圆整；找正位置 2 时，应用铜棒敲击靠近针尖的外圆处。只到工件旋转一周两处针尖到工件表面距离均等时为止。

（2）盘类零件在三爪自定心卡盘的找正。

盘类零件的找正方法，见图 1 - 8（b）。通常需要找正外圆和端面两处。找正位置1与轴类零件的找正位置1相同；找正位置2时，应用铜棒敲击靠近针尖的端面处。只到工件旋转一周两处针尖到工件端面距离均等时为止。

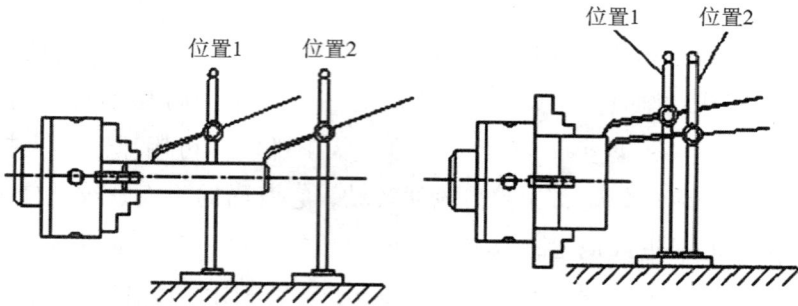

图1-8（a）　轴类零件划针找正方法　　图1-8（b）　盘类零件划针找正方法

3. 开车找正方法

在刀架上装夹一个刀杆，工件装夹在卡盘上（不可过紧），开车使工件旋转，刀杆向工件靠近，直至把工件找正，然后夹紧。此种方法较为简单、快捷，但必须注意工件夹紧程度，要松紧适中。

4. 注意事项

（1）用划针找正时，主轴应放在空档位置，以便转动灵活。

（2）找正较大的工件，车床导轨上应垫防护板，以防工件跌落时损坏床面。

（3）找正时敲击一次工件应轻轻夹紧一次，工件找正合格应将工件夹紧。

（六）工件的测量

1. 外圆尺寸的测量

对车削加工来说，外圆尺寸相当重要，常用的量具有游标卡尺和千分尺。测量时要注意尺的主体与工件的相对位置保持垂直，并注意测量力的控制。

2. 长度尺寸的测量

长度类的尺寸测量常用的量具有游标卡尺和深度游标卡尺。测量时要注意尺的测量面与工件阶台面贴合，尺的主体与工件轴线平行，并注意控制测量力。

表1-5　工件装夹与找正评分标准

序号	项目	考核要点	配分（分）	评分标准	学生自评	小组评价	教师评价	企业评价
1	工件测量	游标卡尺结构	5	错误一次扣1分				
2		游标卡尺读数方法	5	错误一次扣1分				
3		游标卡尺测量方法	5	错误一次扣1分				
4		游标卡尺种类	5	错误一次扣1分				
5		千分尺测量方法	5	错误一个扣1分				
6		千分尺读数方法	5					
7	装夹工件	心轴安装工件	10	错误一个扣1分				
8		锥度心轴	10	错误一次扣1分				
9		圆柱心轴	5	错误一次扣1分				
10	装夹工件	中心孔的作用	5	错误一次扣1分				
11		顶尖的种类	5	错误一个扣1分				
12		中心孔种类	5	错误一个扣1分				
13		顶尖的安装与校正	10	错误一次扣1分				
14	工件的找正方法	工件的找正1	10	错误不得分				
15		工件的找正2	10	错误不得分				
16	小计		100					

实训项目六　90°外圆车刀的刃磨

实训目标

（1）掌握车刀刃磨的重要意义。

（2）了解车刀的材料和种类。

（3）了解砂轮的种类和使用砂轮的安全知识。

（4）初步掌握90°车刀的刃磨姿势及刃磨方法。

实训器材

CA6140车床　砂轮机　车刀样刀　零件实物　刀具模型　砂轮机操作规程牌

基本知识

一个工人，通过看他刃磨车刀的质量，也都基本上看出了他个人的车工技术水平。

（一）车刀的材料（刀头部分）

常用的车刀材料，一般有高速钢和硬质合金两类。

（二）车刀的种类

常用的车刀有外圆车刀、内孔车刀、螺纹车刀、切断刀等，如图1-9所示。

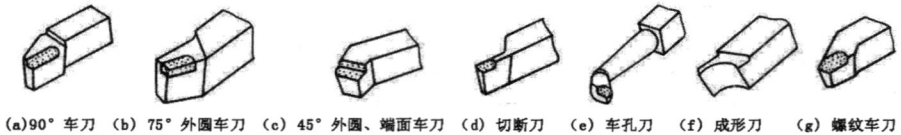

(a)90°车刀　(b) 75°外圆车刀　(c) 45°外圆、端面车刀　(d) 切断刀　(e) 车孔刀　(f) 成形刀　(g) 螺纹车刀

图1-9　车刀的种类

（三）砂轮的选用

目前常用的砂轮有氧化铝和碳化硅两类。

（1）氧化铝砂轮。适用于高速钢和碳素工具、钢刀具的刃磨。

（2）碳化硅砂轮。适用于硬质合金车刀的刃磨。

砂轮的粗细以粒度表示，一般可分为36粒、60粒、80粒和120粒等级别。粒数数字愈大则表示砂轮的磨料愈细，反之愈粗。粗磨车刀应选粗砂轮，精磨车刀应选细砂轮。

（四）车刀的刃磨

现以刀尖角为90°的外圆车刀为例介绍如下：

（1）粗磨。

①磨主后刀面，同时磨出主偏角及主后角，见图1-9（a）。

②磨副后刀面，同时磨出副偏角及副后角，见图1-9（b）。

③磨前刀面，同时磨出前角。

（2）精磨。

①修磨前刀面。

②修磨主后刀面和副后刀面。

③修磨刀尖圆弧，见图1-9（d）。

（3）刃磨车刀的姿势及方法。

①人站立在砂轮侧面，以防砂轮碎裂时，碎片飞出伤人。

②两手握刀的距离放开，两肘夹紧腰部，这样可以减小磨刀时的抖动。

③磨刀时，车刀放在砂轮的水平中心，刀尖略微上翘3°～8°。车刀接触砂轮后应作左右方向水平线移动。当车刀离开砂轮时，刀尖需向上抬起，以防磨好的刀刃被砂轮碰伤。磨主后刀面时，刀杆尾部向左偏过一个主偏角的角度，见图1-9（a）；磨副后刀面时，刀杆尾部向右偏过一个副偏角的角度。修磨刀尖圆弧时，通常以左手握车刀前端为支点，用右手转动车刀尾部。

（五）检查车刀角度的方法

（1）目测法。观察车刀角度是否合乎切削要求，刀刃是否锋利，表面是否有裂痕和其他不符合切削要求的缺陷。

（2）量角器和样板测量法。对于角度要求高的车刀，可用此法检查，见图1-10。

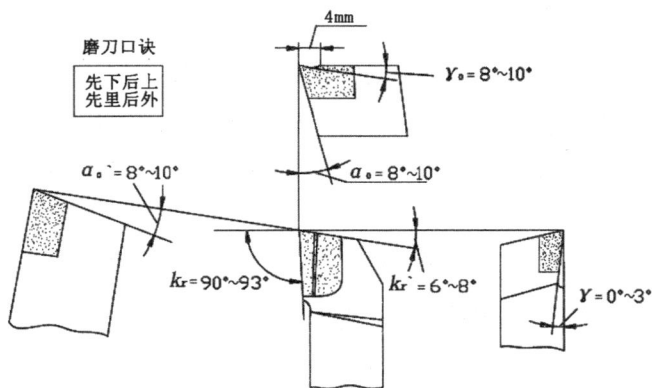

图1-10　90°外圆车刀几何参数及基本角度

（六）车刀的刃磨步骤

（1）90°外圆车刀的用途。用来车削外圆、阶台和端面。

（2）90°外圆车刀的几何形状及刃磨方法（刃磨步骤）。

①先磨主后刀面，顺便磨出主后角和主切削刃（粗磨）。

②磨副后刀面同时磨出副后刀面和副切削刃。

③磨前刀面，把焊铜及杂质磨去，并磨出前角 $\gamma_o = 4° \sim 6°$（粗车），精车 $\gamma_o = 8° \sim 10°$（精车刀须磨出断屑槽，宽度约 4 mm）。

④在细砂轮上精磨各主要刀面（精磨）。

（3）砂轮机使用安全操作规程。

①刃磨时必须戴护目镜。

②在磨刀前，要对砂轮机的防护设施进行检查，如防护罩壳是否齐全；有托架的砂轮，其托架与砂轮之间的间隙是否恰当。

③刃磨时操作者应站立在砂轮的侧面，以防砂轮碎裂时，碎片飞出伤人。

④刃磨时，不能用力过猛，以防打滑伤手。

⑤一台砂轮机只允许一个人操作，不允许多人同时刃磨或多人聚在一起围观，更不允许争先刃磨。

⑥刃磨时，车刀高低必须控制在砂轮水平中心，刀头略向上翘 8° ~ 10°，否则会出现后角过大，磨好的刀刃被砂轮碰伤或负后角等弊端。

⑦车刀刃磨时应作水平的左右缓慢移动，以免砂轮表面出现凹坑，产生跳动。

⑧刃磨时，尽可能避免磨砂轮的侧面。（要求：不得磨侧面）。

⑨刃磨硬质合金车刀时，不可把刀头部分放入水中冷却，以防刀片突然冷却而碎裂。刃磨高速钢车刀时，应随时用水冷却，以防车刀过热退火，硬度降低。

⑩重新安装砂轮后，要进行检查，经试转后方可使用。

⑪结束后，应随手关闭砂轮机电源。

注意事项：

＊车刀刃磨时，不能用力过大，以防打滑伤手。

＊车刀高低必须控制在砂轮水平中心，刀头略向上翘，否则会出现后角过大或负后角等弊端。

＊车刀刃磨时应作水平的左右移动，以免砂轮表面出现凹坑。

＊在平形砂轮上磨刀时，尽可能避免磨砂轮侧面。

＊砂轮磨削表面须经常修整，使砂轮没有明显的跳动。平形砂轮一般可用砂轮刀在砂轮上来回修整。

＊磨刀时要求戴护目镜。

＊刃磨硬质合金车刀时，不可把刀头部分放入水中冷却，以防刀片突然冷却而碎裂。刃磨高速钢车刀时，应随时用水冷却，以防车刀过热退火，降低硬度。

＊在磨刀前，要对砂轮机的防护设施进行检查，如防护罩壳是否齐全；有托架的砂轮，其托架与砂轮之间的间隙是否恰当等。

＊重新安装砂轮后，要进行检查，经试转后方可使用。

＊结束后，应随手关闭砂轮机电源。

＊刃磨练习可以与卡钳的测量练习交叉进行。

＊车刀刃磨练习的重点是掌握车刀刃磨的姿势和刃磨方法。

（4）车刀刃磨操作的口诀。

①90°外圆车刀刃磨操作的口诀。

粗磨先磨主后面，杆尾向左偏主偏。刀头上翘38°，形成后角摩擦减。接着磨削副后面，最后刃磨前刀面。前角前面同磨出，先粗后精顺序清。精磨首先磨前面，再磨主后副后面。修磨刀尖圆弧时，左手握住前支点。右手转动杆尾部，刀尖圆弧自然成。面平刃直稳中求，角度正确是关键。样板角尺细检查，经验丰富可目测。

②车刀刃磨操作要领。

修磨车刀有序规，护目戴镜防屑飞。人在砂轮侧面站，双手握到肘夹腰。修磨车刀左右移，莫让砂轮凹槽起。刀离砂轮先抬尖，否则砂粒碰坏刃。白氧化铝磨锋钢，硬质合金碳化硅。合金刀具莫入水，白钢定要常降温。先将刀杆修磨好，为磨合金做准备。再磨合金主后面，其次修磨副后面。然后修磨前刀面，仔细修磨卷屑槽。注意形成刃倾角，影响使用关系大。

精磨先修前刀面，主副后面依次光。刀尖若有圆弧刃，过渡①切削寿命长。

刀具角度常细看，刃磨结束砂轮关。刃磨方式技巧多，根据需要参数变。

实训任务

（1）背诵车刀刃磨操作的口诀。

（2）90°车刀刃磨操作练习。

表1-6　车刀刃磨评分标准

序号	项目	考核要点	配分（分）	评分标准	学生自评	小组评价	教师评价	企业评价
1	车刀材料	种类	4	少一扣1分				
2	车刀种类	种类	4	少一扣1分				
3	砂轮种类	种类	4	各2分				
4	砂轮安全知识	要求	4	少一扣1分				
5	刃磨重要意义	种类	4	少一扣1分				
6	刃磨姿势	步骤	4	少一扣1分				
7	砂轮换安	安装砂轮	4	错一扣1分				
8		换装砂轮	4	错一扣1分				
9	刃磨方法	粗磨方法	4	错一扣1分				
10		精磨方法	4	错一扣1分				
11	粗磨	粗磨前刀面	4	错误不得分				
12		粗磨出前角	4	错误不得分				
13		粗磨主后刀面	4	错误不得分				
14		粗磨出主偏角	4	错误不得分				
15		粗磨出主后角	4	错误不得分				
16		粗磨出前角，	4	错误不得分				
17		粗磨出副偏角	4	错误不得分				
18		粗磨出副后角	4	错误不得分				

---

① 过渡指过渡刃，就是圆弧刃。

续表

序号	项目	考核要点	配分（分）	评分标准	学生自评	小组评价	教师评价	企业评价
19	精	精磨前刀面	4	错误不得分				
20		精磨主后刀面	4	错误不得分				
21	磨	精磨副后刀面	4	错误不得分				
22		刀尖磨出圆弧	4	错误不得分				
23	检查车刀角度	目测法	4	错误不得分				
24		量角器测量	4	错误一次扣1分				
25	注意事项	内容	4	错误一次扣1分				
26	合计		100					

实训项目七　手动进给车外圆、端面

实训目标

（1）合理组织工作位置，注意操作姿势。

（2）用手动进给均匀地移动床鞍（大滑板）、中滑板和小滑板，按图样要求车削工件。

（3）用游标卡尺测量工件的外圆，用钢直尺测量长度并检查平面凹凸，达到图样的精度要求。

（4）掌握试切削，试测量的方法车削外圆。

（5）遵守操作规程，养成文明生产、安全生产的良好习惯。

实训器材

CA6140 车床　45°和 90°外圆车刀　游标卡尺

基本知识

（一）45°和 90°外圆车刀的安装和使用

（1）45°外圆车刀的使用。45°车刀有两个刀尖，前端一个刀尖通常用于车削工件的外圆。左侧另一个刀尖通常用来车削平面。主、副切削刃，在需要的时候可用来左右倒角，如图 1 – 11。

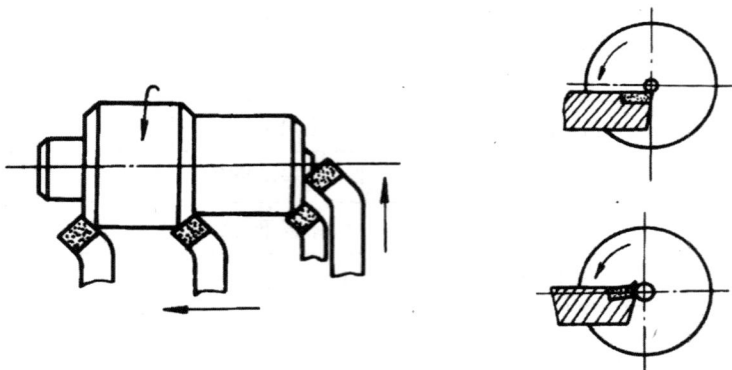

图 1 – 11　45°车刀安装和使用

车刀安装时，左侧的刀尖必须严格对准工件的旋转中心，否则在车削平面至中心时会留有凸头或造成车刀刀尖碎裂。刀头伸出的长度为刀杆厚度的 1 ~ 1.5 倍，伸出过长，刚性变差，车削时容易引起振动。

（2）90°车刀又称偏刀，按进给方向分右偏刀和左偏刀，下面主要介绍常用的右偏刀。右偏刀一般用来车削工件的外圆、端面和右向台阶，因为它的主偏角较大，车外圆时，用于工件的半径方向上的径向切削力较小，不易将工件顶弯。

车刀安装时，应使刀尖对准工件中心，主切削刃与工件中心线垂直。如果主切削刃与工件中心线不垂直，将会导致车刀的工作角度发生变化，主要影响车刀主偏角和副偏角。

右偏刀也可以用来车削平面，但因车削使用副切削刃切削，如果由工件外缘向工件中心进给，当切削深度较大时，切削力会使车刀扎入工件，而形成凹面。为了防止产生凹面，可改由中心向外进给，用主切削刃切削，但切削深度较小。

（二）铸件毛坯的装夹和找正

工件的装夹要选择铸件毛坯平直的表面进行装夹，以确保装夹牢靠。找正外圆时一般要求不高，只要保证能车至图样尺寸，以及未加工表面余量均匀即可。如果发现工件截面呈扁形，应以直径小的相对两点为基准进行找正。

（三）粗精车的概念

车削工件，一般分为粗车和精车。

（1）粗车：在车床动力条件允许的情况下，通常采用进刀深、进给量大、低转速的做法，以合理的时间尽快把工件的余量去掉。因为粗车对切削表面没有严格的要求，只需留出一定的精车余量即可。由于粗车切削力较大，工件必须装夹牢靠。粗车的另一作用是：可以及时发现毛坯材料内部的缺陷，如夹渣、砂眼、裂纹等，也能消除毛坯工件内部残存的应力和防止热变形。

（2）精车：精车是车削的末道工序。为了使工件获得准确的尺寸和规定的表面粗糙度，操作者在精车时，通常把车刀修磨得锋利些，车床的转速高一些，进给量选得小一些。

（四）用手动进给车削平面、外圆和倒角

（1）车平面的方法。开动车床使工件旋转，移动小滑板或床鞍控制进刀深度，然后锁紧床鞍，摇动中滑板丝杠进给，由工件外向中心或由工件中心向外进给车削。见图1-12。

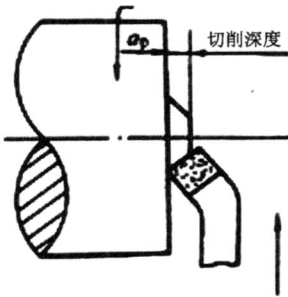

图1-12（a） 由外缘向中心车端面　　图1-12（b） 由中心向外缘车端面

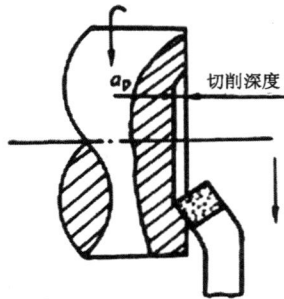

（2）车外圆的方法。

①移动床鞍至工件的右端，用中滑板控制进刀深度，摇动小滑板丝杠或床鞍纵向移动车削外圆，一次进给完毕，横向退刀，再纵向移动刀架或床鞍至工件右端，进行第二、第三次进给车削，直至符合图样要求为止。

31

②在车削外圆时，通常要进行试切削和时测量。其具体方法是：根据工件直径余量的二分之一作横向进刀，当车刀在纵向外圆上进给 2 mm 左右时，纵向快速退刀，然后停车测量（注意横向不要退刀）。如果已经符合尺寸要求，就可以直接纵向进给进行车削，否则可按上述方法继续进行试切削和试测量，直至达到要求为止。

③为了确保外圆的车削长度，通常先采用刻线痕法，后采用测量法进行，即在车削前根据需要的长度，用钢直尺、样板或卡尺及车刀刀尖在工件的表面刻一条线痕。然后根据线痕进行车削，当车削完毕，再用钢直尺或其他工具复测。

（3）倒角的方法。当平面、外圆车削完毕，然后移动刀架，使车刀的切削刃与工件的外圆成45°夹角，移动床鞍至工件的外圆和平面的相交处进行倒角。所谓 1×45°，是指倒角在外圆上的轴向距离为 1 mm。

（五）刻度盘的计算和应用

在车削工件时，为了正确和迅速地掌握进刀深度，通常利用中滑板或小滑板上的刻度盘进行操作。

中滑板的刻度盘装在横向进给的丝杠上，当摇动横向进给丝杠转一圈时，刻度盘也转了一周，这时固定在中滑板上的螺母就带动中滑板车刀移动一个导程；如果横向进给丝杠导程为 5 mm，刻度盘分 100 格，当摇动进给丝杠转动一周时，中滑板就移动 5 mm；当刻度盘转过一格时，中滑板移动量为 0.05 mm。

使用刻度盘时，由于螺杆和螺母之间往往存在间隙，所以会产生空行程（即刻度盘转动而滑板未移动）。因此，使用刻度盘进给过深时，必须向相反方向退回全部空行程，然后再转到需要的格数，而不能直接退回到需要的格数。必须注意：中滑板刻度的刀量应是工件余量的二分之一，见图 1-13。

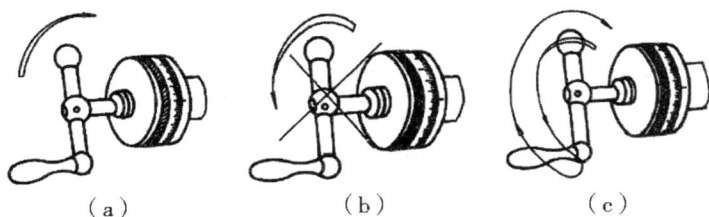

（a）　　　　　　　　（b）　　　　　　　　（c）

图 1 - 13　消除刻度盘空行程的方法

（六）注意事项

（1）工件平面中心留有凸头，原因是刀尖没有对准工件中心，偏高或偏低。

（2）平面不平有凹凸，产生原因是进刀量过深、车刀磨损、滑板移动、刀架和车刀紧固力不足，产生扎刀或让刀。

（3）车外圆产生锥度，原因有以下几种：

①用小滑板手动进给车外圆时，小滑板导轨与主轴轴线不平行。

②车速过高，在切削过程中车刀磨损。

③摇动中滑板进给时，没有消除空行程。

④车削表面痕迹粗细不一，主要是手动进给不均匀。

⑤变换转速时应先停车，否则容易打坏主轴箱内的齿轮。

⑥切削时应先开车，后进刀。切削完毕时先退刀后停车，否则车刀容易损坏。

⑦车削铸铁毛坯时，由于氧化皮较硬，要求尽可能一刀车掉，否则车刀容易磨损。

⑧用手动进给车削时，应把有关进给手柄放在空挡位置。

⑨掉头装夹工件时，最好垫铜皮，以防夹坏工件。

⑩车削前应检查滑板位置是否正确，工件装夹是否牢靠，卡盘扳手是否取下。

实训任务

任务一　手动进给车外圆、端面

毛坯：∅45 mm×100 mm　材料：45 钢　时间：45 min　单位：mm

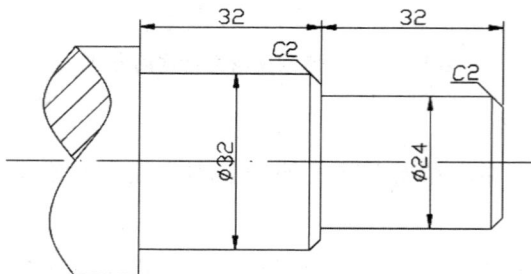

图 1-14　手动进给车端面、外圆工件

技术要求：

（1）未注外圆公差为 ±0.1 mm。

（2）不许使用锉刀、砂布。

（3）未注倒角 1×45°。

（4）未注长度公差尺寸为 ±0.2 mm 加工。

表 1-7　手动进给车外圆、端面评分标准

序号	项目	考核内容	配分（分）		学生自评	小组评价	教师评价	企业评价
			IT	Ra				
1	外圆	∅32 mm	10	5				
2		∅24 mm	10	5				
3	长度	32 mm	10	5				
4		64 mm	10	5				
5	其他	端面 Ra3.2 μm	10					
6		倒角 2×45°	10					
7	安全文明生产，酌情扣分		20					
	合计		100					

评分标准：尺寸精度和形状位置精度超差时扣该项全部分，表面粗糙度增值时扣该项全部分。

否定项：径向间隙精度等级超差时，该件视为不合格

任务二　车外圆与端面练习件

毛坯：Ø45 mm×100 mm　材料：45 钢　时间：45 min　单位：mm

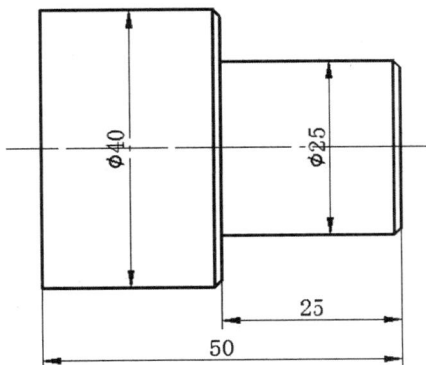

图 1 - 15　车外圆与端面练习件

技术要求：

（1）未注外圆公差为 ±0.1 mm。

（2）不许使用锉刀、砂布。

（3）未注倒角 1×45°。

（4）未注长度公差尺寸为 ±0.2 mm 加工。

车削加工步骤：

（1）用卡盘夹住工件外圆长 60 mm 左右，找正夹紧。

（2）粗车平面及外圆 Ø40 mm、Ø25 mm，长 50 mm（留精车余量）。

（3）精车平面及外圆 Ø40 mm、Ø25 mm，长 50 mm，倒角 1×45°。

（4）切断，车平面，长控制尺寸在 50 mm。

（5）检查卸车。

表 1 - 8　车外圆与端面练习件评分标准

序号	质检内容	配分（分）	评分标准	学生自评	小组评价	教师评价	企业评价
1	外圆公差（2 处）	20×2	超 0.05 扣 2 分				
2	外圆 Ra3.2 μm（2 处）	10×2	降一级扣 3 分				

续表

序号	质检内容	配分（分）	评分标准	学生自评	小组评价	教师评价	企业评价
3	长度公差（3处）	4×3	超差不得分				
4	倒角（3处）	3×3	不合格不得分				
5	平端面（2处）	2×2	不合格不得分				
6	清角去锐边（3处）	1×3	不合格不得分				
7	工件完整	5	不完整扣分				
8	安全操作	10	违章扣分				
9	合计	100					

任务三　车外圆与端面练习件

毛坯：Ø40 mm×150 mm　材料：45 钢　时间：45 min　单位：mm

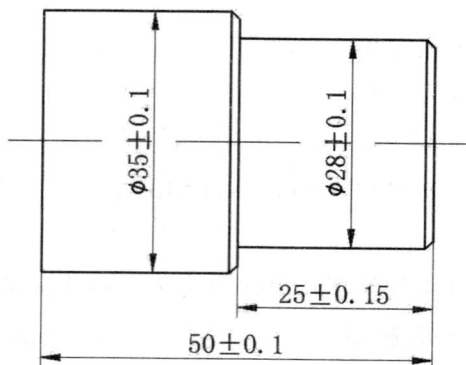

图 1－16　车外圆与端面练习件

技术要求：

（1）未注倒角 1×45°。

（2）不许使用锉刀、砂布。

（3）未注长度公差尺寸为 ±0.2 mm 加工。

车削步骤：

（1）用卡盘夹住工件外圆长 50 mm 左右，找正夹紧。

（2）粗车、精车平面及外圆 Ø38 mm，长 40 mm。

（3）粗车、精车平面及外圆 Ø28 mm，长 30 mm。

（4）倒角 1×45°，切断。

（5）检查卸车。

表 1-9　车外圆与端面练习件评分标准

序号	质检内容	配分（分）	评分标准	学生自评	小组评价	教师评价	企业评价
1	外圆公差（2 处）	20×2	超 0.05 扣 2 分				
2	外圆 Ra3.2 μm（2 处）	5×2	降一级扣 3 分				
3	长度公差（2 处）	10×2	超差不得分				
4	倒角（3 处）	3×3	不合格不得分				
5	平端面（2 处）	3×2	不合格不得分				
6	清角去锐边（3 处）	1×3	不合格不得分				
7	工件完整	5	不完整扣分				
8	安全操作	10	违章扣分				
9	合计	100					

模块二　车削基本技能训练

实训项目八　车削阶台短轴

实训目标

（1）掌握车削双台阶工件的方法。

（2）巩固用划针找正工件外圆和平面的方法。

（3）掌握游标卡尺的使用方法。

实训器材

CA6140 车床　活扳手　90°粗车刀　90°精车刀　45°车刀　切断刀　0～150 mm 的游标卡尺　25～50 mm 的千分尺　铜皮

基本知识

在同一工件上有几个直径大小不同的圆柱体连接在一起像台阶一样，就称它为台阶工件，俗称台阶为"肩胛"。台阶工件的车削，实际上就是外圆和平面车削的组合，因此在车削时必须注意兼顾外圆的尺寸精度和台阶长度的要求。

（一）台阶工件的技术要求

台阶工件通常和其他零件结合使用，因此它的技术要求一般有：

（1）各挡外圆之间的同轴度。

（2）外圆和台阶平面的垂直度。

（3）台阶平面的平面度。

（4）外圆和台阶平面相交处的角。

（二）车刀的选择和装夹

车削台阶工件，通常使用90°外圆车刀。

车刀的装夹应根据粗、精车和余量的多少来区别，如粗车时余量多，为了增加切削深度，减少刀尖压力，车刀装夹可取主偏角小于90°为宜。精车时为了保证台阶平面和轴心线的垂直，应取主偏角大于90°。

（三）车削台阶工件的方法

车削台阶工件时，一般分粗、精车进行。粗车时的台阶长度除第一挡台阶长度略短些外（留精车余量），其余各挡可车至长度；精车台阶工件时，通常在机动进给精车至近台阶处时，以手动进给代替机动进给，挡车至平面时，然后变纵向进给为横向进给，移动中滑板由里向外慢慢精车台阶平面，以确保台阶平面和轴心线的垂直。

（四）阶长度的测量和控制方法

车削前根据台阶的长度，先用刀尖在工件表面刻线痕，然后根据线痕进行粗车。当粗车完毕后，台阶长度已经基本符合要求，在精车外圆的同时，一起控制台阶长度。其测量方法通常用钢直尺检查，如精度较高时，可用样板、游标深度尺等测量。

（五）工件的调头找正和车削

根据习惯的找正方法，应先找正近卡爪处工件外圆，后找正台阶处反平面，这样反复多次找正才能进行切削。当粗车完毕时，宜再进行一次复查，以防粗车时发生移位。

（六）注意事项

（1）台阶平面和外圆相交处要清角，防止产生凹坑和出现小台阶。

（2）台阶平面出现凹凸，其原因是车刀没有从里到外横向进给或车刀装夹主偏角小于90°，其次与刀架、车刀、滑板等发生位移有关。

（3）多台阶工件长度的测量，应从一个基面测量，以防积累误差。

（4）平面与外圆相交处出现较大的圆弧，原因是刀尖圆弧较大或刀尖磨损。

（5）使用游标卡尺测量时，卡脚应和测量面贴平，以防卡脚歪斜，产生测量误差。

（6）使用游标卡尺测量工件时，松紧程度要合适，特别是用微调螺钉时，尤其注意卡得不要太紧。

（7）车未停稳，不能使用游标卡尺测量工件。

实训任务

任务一　车削台阶轴

毛坯：Ø40 mm×90 mm　材料：45 钢　时间：60 min　单位：mm

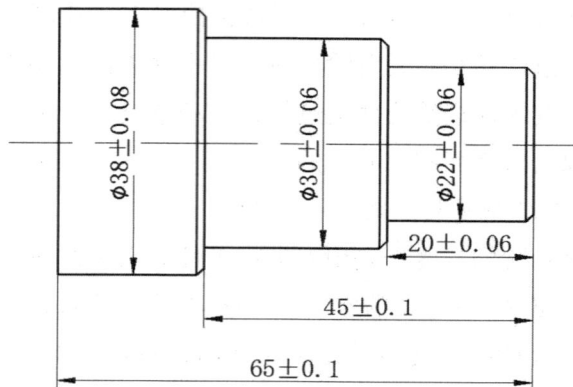

图 2－1　车削台阶轴

技术要求：

1. 未注外圆公差为 ±0.1 mm。

2. 不许使用锉刀、砂布。

3. 未注倒角 1×45°。

表 2－1　车削台阶轴工件评分标准

序号	项目	考核内容	配分（分）		学生自评	小组评价	教师评价	企业评价
			IT	Ra				
1	外圆	Ø38 mm ±0.06 mm	5	5				
2		Ø30 mm ±0.06 mm	5	5				
3		Ø22 mm ±0.06 mm	5	5				

续表

序号	项目	考核内容	配分（分）		学生自评	小组评价	教师评价	企业评价
			IT	Ra				
4	长度	45 mm	5	5				
5		20 mm ± 0.08 mm	5	5				
6		65 mm ± 0.15 mm	5	5				
7	其他	端面 Ra3.2 μm	10					
8		倒角 2×45° 4×2	10					
9	安全文明生产，酌情扣分		20					
合　计			100					

任务二　车削台阶轴

毛坯：Ø40 mm×95 mm　材料：45 钢　时间：60 min　单位：mm

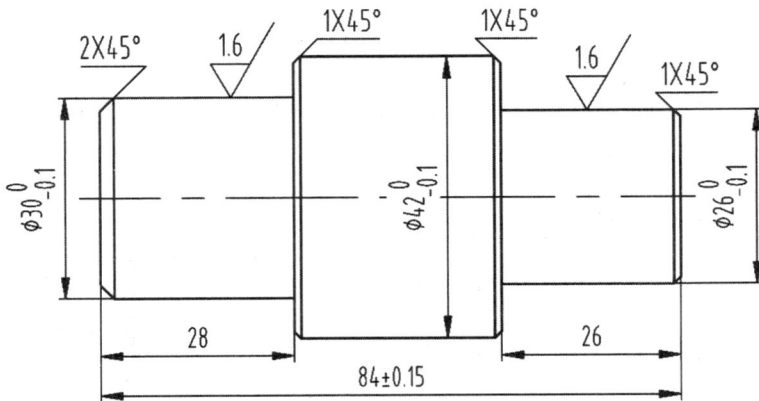

图 2-2　车削台阶轴

技术要求：

（1）未注外圆公差为 ±0.02 mm。

（2）不许使用锉刀、砂布。

（3）未注倒角 0.5×45°。

（4）未注长度公差尺寸为 ±0.2 mm 加工。

表 2 - 2 车削台阶轴评分标准

序号	项目	考核内容	配分（分）		学生自评	小组评价	教师评价	企业评价
			IT	Ra				
1	外圆	$\varnothing 30^{0}_{-0.1}$ mm	5	5				
2		$\varnothing 42^{0}_{-0.1}$ mm	5	5				
3		$\varnothing 26^{0}_{-0.1}$ mm	5	5				
4	长度	28 mm	5	5				
5		26 mm	5	5				
6		84 mm ± 0.15 mm	5	5				
7	其他	端面 Ra3.2 μm	10					
8		倒角 2 × 45°	10					
9	安全文明生产，酌情扣分		20					
10	合计		100					

任务三 车削台阶轴

毛坯：$\varnothing 40$ mm × 95 mm 材料：45 钢 时间：60 min 单位：mm

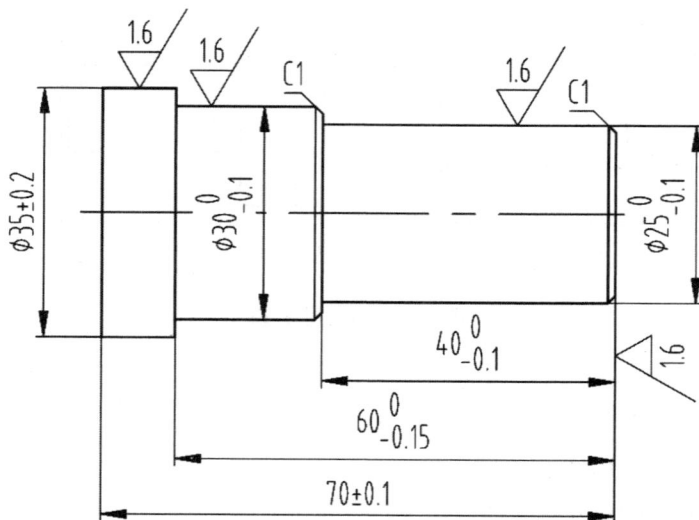

图 2 - 3 车削台阶轴

表 2 - 3　车削台阶轴评分标准

序号	项目	考核内容	配分（分）		学生自评	小组评价	教师评价	企业评价
			IT	Ra				
1	外圆	$\varnothing 35\ \text{mm} \pm 0.1\ \text{mm}$	10	5				
2		$\varnothing 30^{0}_{-10}\ \text{mm}$	10	5				
3		$\varnothing 25^{0}_{-0.1}\ \text{mm}$	10	5				
4	长度	$40^{0}_{-0.1}\ \text{mm}$	10					
5		$60^{0}_{-0.15}\ \text{mm}$	10					
6		$70\ \text{mm} \pm 0.1\ \text{mm}$	20					
7	其他	端面 $Ra3.2\ \mu\text{m}$	5					
8		倒角 C1（5 处）	10					
9	安全文明生产，违章扣分		违章酌情扣分					
合　计			100					

实训项目九　车削多阶台长轴

实训目标

（1）掌握车削多台阶工件的方法。

（2）巩固用画线盘找正工件外圆和平面的方法。

（3）掌握游标卡尺、千分尺的使用方法。

实训器材

CA6140 车床　活扳手　90°粗车刀　90°精车刀　45°车刀　切断刀 0 ~ 150 mm 的游标卡尺　25 ~ 50 mm 的千分尺　铜皮

基本知识

在同一工件上有几个直径大小不同的圆柱体连接在一起像台阶一样，就称它为台阶工件，俗称台阶为"肩胛"。台阶工件的车削，实际上就是外圆和平面车削的组合，因此在车削时必须注意兼顾外圆的尺寸精度和台阶长度的要求。

（一）台阶工件的技术要求

台阶工件通常和其他零件结合使用，因此它的技术要求有：

（1）各挡外圆之间的同轴度。

（2）外圆和台阶平面的垂直度。

（3）台阶平面的平面度。

（4）外圆和台阶平面相交处的角。

（二）车刀的选择和装夹

车削台阶工件，通常使用90°外圆车刀。

车刀的装夹应根据粗、精车和余量的多少来区别，如粗车时余量多，为了增加切削深度，减少刀尖压力，车刀装夹可取主偏角小于90°为宜。精车时为了保证台阶平面和轴心线的垂直，应取主偏角大于90°。

（三）车削台阶工件的方法

车削台阶工件时，一般分粗、精车进行，粗车时的台阶长度除第一挡台阶长度略短些外（留精车余量），其余各挡可车至规定长度。精车台阶工件时，通常在机动进给精车至近台阶处时，以手动进给代替机动进给挡车至平面时，变纵向进给为横向进给，移动中滑板由里向外慢慢精车台阶平面，以确保台阶平面和轴心线的垂直。

实训任务

任务一 车削多台阶轴工件

毛坯：$\varnothing 40$ mm × 95 mm 材料：45 钢 时间：60 min 单位：mm

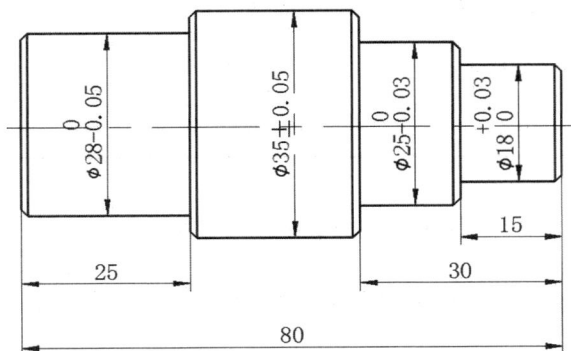

图 2 - 4 车削多台阶轴工件

技术要求：

（1）未注外圆公差为 ±0.10 mm。

（2）未注长度公为差 ±0.10 mm。

（3）未注倒角为 0.1 × 45°。

表 2 - 4 车削多台阶轴工件评分标准

序号	项目	考核内容	配分（分）		学生自评	小组评价	教师评价	企业评价
			IT	Ra				
1	外圆	$\varnothing 35$ mm ± 0.05 mm	10	5				
2		$\varnothing 28_{-0.050}^{0}$ mm	10	5				
3		$\varnothing 25_{0}^{+0.03}$ mm	10	5				
4		$\varnothing 18_{-0.030}^{0}$ mm	10	5				
5	长度	$25_{-0.10}^{0}$ mm	5					
6		15 mm	5					
7		$30_{-0.06}^{0}$ mm	5					
8		$80_{-0.10}^{0}$ mm	10					

续表

序号	项目	考核内容	配分		学生自评	小组评价	教师评价	企业评价
			IT	Ra				
9	其他	端面 Ra3.2 μm（2 个）	6					
10		倒角 C1（5 处）	9					
11		安全文明生产	违章酌情扣分					
12		合　计	100					

任务二　车削多阶台轴工件

毛坯：Ø40 mm×95 mm　材料：45 钢　时间：60 min　单位：mm

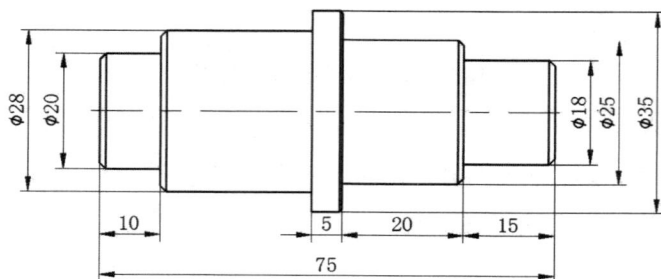

图 2-5　车削多阶台轴工件

表 2-5　车削多阶台轴工件评分标准

序号	项目	考核内容	配分（分）		学生自评	小组评价	教师评价	企业评价
			IT	Ra				
1	外圆	$Ø35_0^{+0.055}$ mm	8	5				
2		$Ø25_{-0.052}^0$ mm	8	5				
3		$Ø28_0^{+0.066}$ mm	8	5				
4		$Ø20_{-0.059}^0$ mm	8	5				
5		$Ø18_0^{+0.066}$ mm	6	5				

续表

序号	项目	考核内容	配分（分）		学生自评	小组评价	教师评价	企业评价
			IT	Ra				
6	长度	$10^{0}_{-0.10}$ mm	5					
7		15 mm	5					
8		$20^{0}_{-0.06}$ mm	5					
9		$75^{0}_{-0.10}$ mm	10					
10	其他	端面 $Ra3.2$ μm（2 处）	6					
11		倒角 C1（6 处）	6					
12	安全文明生产，违章扣分		违章酌情扣分					
13	合　计		100					

任务三　车削多阶台轴工件

毛坯：Ø50 mm×145 mm　材料：45 钢　时间：120 min　单位：mm

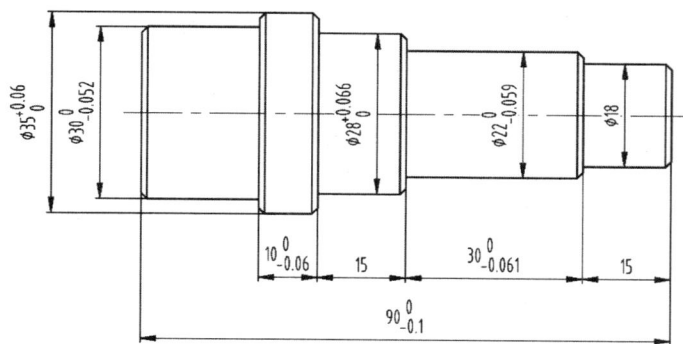

图 2-6　车削多阶台轴工件

技术要求：见评分标准

表 2-6　车削多阶台轴工件评分标准

序号	项目	考核内容	配分（分）		学生自评	小组评价	教师评价	企业评价
			IT	Ra				
1		$\varnothing35_{0}^{+0.06}$ mm	10	4				
2	外圆	$\varnothing30_{-0.052}^{0}$ mm	10	4				
3		$\varnothing28_{0}^{+0.066}$ mm	10	4				
4		$\varnothing22_{-0.059}^{0}$ mm	10	4				
5		$30_{-0.061}^{0}$ mm	10					
6		15 mm	3					
7	长度	$10_{-0.06}^{0}$ mm	5					
8		$90_{-0.10}^{0}$ mm	10					
9		20 mm	3					
10	其他	端面 $Ra3.2$ μm	1					
11		倒角 C1（5 处）	5					
12	安全文明生产，违章酌情扣分							
13	合　计		100					

任务四　车削多阶台轴工件

毛坯：$\varnothing35$ mm×100 mm　材料：45 钢　时间：60 min　单位：mm

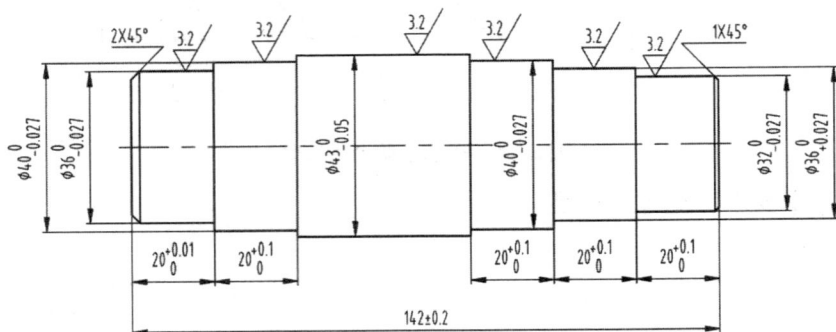

图 2-7　车削多阶台轴工件

技术要求：

（1）未注外圆公差为 ±0.05 mm。

（2）未注长度公为差 ±0.10 mm。

（3）未注倒角为 0.5×45°。

工艺分析：

装夹方法："一夹一顶"。

（1）装夹工件并找正，伸出 70 mm。

（2）车削端面，钻心孔，车工艺台阶 40 mm。

（3）调头装夹工件并找正，伸出 110 mm。

（4）车削端面，钻心孔。

（5）粗、精车 Ø43 mm、Ø40 mm、Ø36 mm 至尺寸要求。

（6）倒角。

（7）调头装夹工件并找正，粗、精车 Ø40 mm、Ø36 mm、Ø32 mm 至尺寸要求。

（8）倒角。

（9）检验，浇油。

表 2-7　车削多阶台轴工件评分标准

序号	项目	配分（分）	评分标准	学生自评	小组评价	教师评价	企业评价
1	外圆公差（3 处）	10×3	超 0.01 扣 2 分				
2	外圆 Ra3.2 μm（3 处）	6×3	降一级扣 3 分				
3	长度公差（3 处）	4×3	超差不得分				
4	倒角（2 处）	3×2	不合格不得分				
5	平端面（2 处）	4×2	不合格不得分				
6	清角去锐边（4 处）	2×4	不合格不得分				
7	工件完整	8	不完整扣分				
8	安全操作	10	违章扣分				
9	合计	100					

实训项目十　车削外沟槽

实训目标

（1）了解沟槽的种类和作用。

（2）掌握矩形槽和圆弧槽的车削方法和测量方法。

（3）了解车槽时可能产生的问题和防止方法。

实训器材

CA6140 车床　车槽刀　活扳手　90°车刀　切断刀　0～150 mm 的游标卡尺　25～50 mm 的千分尺　铜皮

基本知识

在工件上车各种形状的槽子叫车沟槽。外圆和平面上的沟槽叫外沟槽，内孔的沟槽叫内沟槽。

（一）沟槽的种类和作用

沟槽的形状和种类较多，常用的外沟槽有矩形沟槽、圆形沟槽、梯形沟槽等。矩形沟槽的作用通常是使所装配的零件有正确的轴向位置，以便于在磨削、车螺纹、插齿等加工过程中退刀。

（二）车槽刀的装夹

车槽刀的装夹是否正确，对车槽的质量有直接的影响。如矩形车槽刀的装夹，要求垂直于工件轴线，否则车出的槽壁不会平直。

（三）车槽方法

（1）车精度不高的和宽度较窄的矩形沟槽。可以用刀宽等于槽宽的车槽刀，采用直进法一次进给车出。

（2）车精度较高的宽度较窄的矩形槽，一般采用两次进给车成，即第一次用刀宽窄于槽宽的槽刀粗车，两侧槽壁及槽底留精车余量，第二次进给时用等宽刀修整。

（3）车较宽的沟槽。可以采用多次直进法车削。画线确定沟槽的轴向位置。粗车成形，在两侧槽壁及槽底留 0.1 mm ~ 0.3 mm 的精车余量。精车基准槽壁精确定位。精车第二槽壁，通过试切削保证槽宽。精车槽底保证槽底直径。

（四）沟槽的测量

精度要求低的沟槽，一般采用钢直尺和卡钳测量。精度较高的沟槽，底径可用千分尺，槽宽可用样板、游标卡尺、塞规等检查测量。

（五）车槽口诀

切断车槽要注意，装刀细心调间隙。

振动发生变要素，进给均匀切削液。

只要排屑很顺利，借刀进给切到底。

实训任务

任务一　车矩形槽工件

毛坯：Ø40 mm × 90 mm　材料：45 钢　数量：1 件　单位：mm

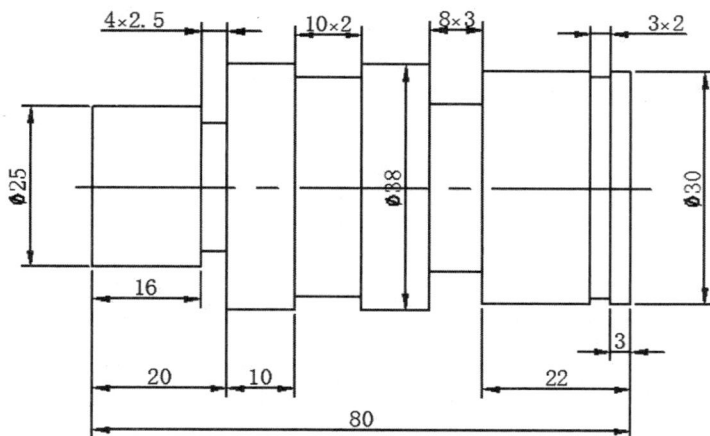

图 2 - 8　车矩形槽工件

技术要求：

（1）未注外圆公差为 ± 0.05 mm。

（2）未注长度公为差 ± 0.10 mm。

（3）未注倒角为 0.5 × 45°。

表 2-8　车矩形沟槽工件评分标准

序号	项目	配分（分）	评分标准	学生自评	小组评价	教师评价	企业评价
1	外圆公差（4 处）	6×4	超 0.01 扣 2 分，超 0.02 不得分				
2	外圆 $Ra3.2\ \mu m$（4 处）	3×4	降一级扣 2 分				
3	外沟槽（4 处）	6×4	超差槽壁不直扣分				
4	长度公差（4 处）	3×4	超差不得分				
5	倒角（2 处）	2×2	不合格不得分				
6	清角去锐边	5	一处不合格扣 0.5 分				
7	平端面（2 处）	4×2	不合格不得分				
8	工件外观	5	不完整扣分				
9	安全文明操作	6	违章扣分				
10	合计	100					

任务二　车矩形沟槽工件

毛坯：$\varnothing 40\ mm \times 90\ mm$　材料：45 钢　数量：1 件　单位：mm

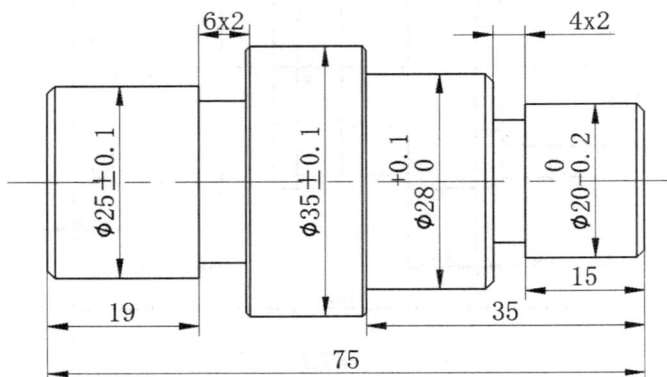

图 2-9　车矩形沟槽工件

技术要求：

（1）未注外圆公差为 ±0.05 mm。

（2）未注长度公为差 ±0.10 mm。

（3）未注倒角为 $0.5 \times 45°$。

表 2-9　车矩形沟槽工件评分标准

序号	项目	配分（分）	评分标准	学生自评	小组评价	教师评价	企业评价
1	外圆公差（4处）	6×4	超 0.01 扣 2 分，超 0.02 不得分				
2	外圆 $Ra3.2 \mu m$（4处）	3×4	降一级扣 2 分				
3	外沟槽（2处）	8×2	超差槽壁不直扣分				
4	长度公差（4处）	5×4	超差不得分				
5	倒角（2处）	5×2	不合格不得分				
6	清角去锐边	5	一处不合格扣 0.5 分				
7	平端面（2处）	4×2	不合格不得分				
8	工件外观	4	不完整扣分				
9	安全文明操作	1	违章扣分				
10	合计	100					

任务三　车矩形槽工件

毛坯：$\varnothing 40$ mm $\times 140$ mm　材料：45 钢　数量：1 件　单位：mm

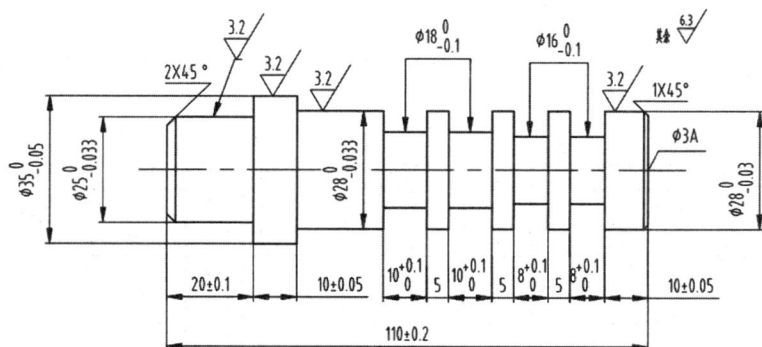

图 2-10　车矩形槽工件

技术要求：

（1）未注外圆公差为 ± 0.05 mm。

（2）未注长度公为差 ±0.10 mm。

（3）未注倒角为 0.5 ×45°。

表 2 -10　矩形槽工件评分标准

序号	项目	配分（分）	评分标准	学生自评	小组评价	教师评价	企业评价
1	外圆公差（4 处）	6 ×4	超 0.01 扣 2 分，超 0.02 不得分				
2	外圆 Ra3.2 μm（4 处）	3 ×4	降一级扣 2 分				
3	外沟槽（4 处）	6 ×4	超差槽壁不直扣分				
4	长度公差（4 处）	3 ×4	超差不得分				
5	倒角（2 处）	2 ×2	不合格不得分				
6	去锐边	5	一处不合格扣 0.5 分				
7	平端面（2 处）	2 ×2	不合格不得分				
8	中心孔	2	不合格不得分				
9	工件外观	5	不完整扣分				
10	安全文明操作	8	违章扣分				
11	合计	100					

任务四　车圆弧槽工件

毛坯：Ø40 mm × 145 mm　材料：45 钢　数量：1 件　单位：mm

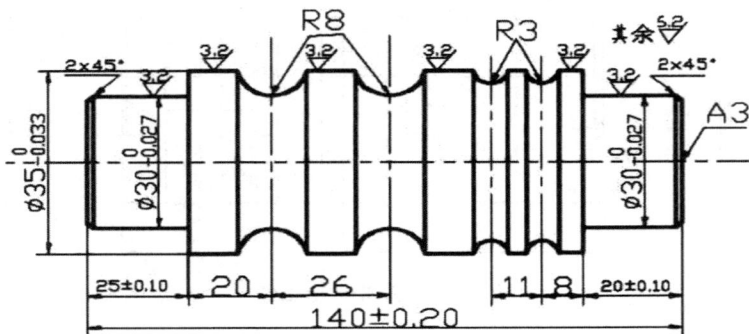

图 2 -11　车圆弧槽工件

技术要求：

（1）未注外圆公差为 ±0.05 mm。

（2）未注长度公为差 ±0.10 mm。

（3）未注倒角为 0.5×45°。

表2-11 车圆弧槽工件评分标准

序号	项目	配分（分）	评分标准	学生自评	小组评价	教师评价	企业评价
1	外圆公差（3处）	6×3	超0.01扣2分				
2	外圆 Ra3.2 μm（3处）	4×3	降一级扣2分				
3	圆弧槽（4处）	5×4	R规检测，间隙大扣分				
4	长度公差（3处）	3×3	超差不得分				
5	倒角（2处）	2×2	不合格不得分				
6	清角去锐边（2处）	6×2	不合格不得分				
7	中心孔	8	不合格不得分				
8	工件完整	9	不完整扣分				
9	安全文明操作	8	违章扣分				
10	合计	100					

注意事项：

（1）车槽刀主刀刃和轴心不平行，车出的沟槽一侧直径达另一侧直径小的竹节形。

（2）要防止槽底与槽壁相交处出现圆角和槽底中间尺寸小，靠近槽壁两侧尺寸大。

（3）槽壁与中心线垂直，出现内槽狭窄外口大的喇叭形，造成这种现象的主要原因是：①刀刃磨钝让刀。②车刀刃磨角度不正确。③车刀装夹不垂直。

（4）槽壁与槽底产生小台阶的主要原因是接刀不正确。

（5）用接刀法车沟槽时，注意各条槽距。

（6）要正确使用游标卡尺、样板、塞规、测量沟槽。

（7）合理选用转速和进给量。

（8）正确使用切削液。

实训项目十一　车削钢套

实训目标

（1）懂得镗孔车刀的正确安装。

（2）掌握通孔及阶台孔的加工方法及切削用量的选择。

（3）正确掌握内径表的安装及使用。

实训器材

CA6140 车床　镗孔车刀　活扳手　90°车刀　0～150 mm 的游标卡尺　切断刀　25～50 mm 的千分尺　铜皮

基本知识

（一）镗孔车刀的安装

（1）镗孔车刀安装时，刀尖应对准工件中心或略高一点，这样可以避免镗刀受到切削压力下弯产生扎刀现象，而把孔镗大。

（2）镗刀的刀杆应与工件轴心平行，否则镗到一定深度后，刀杆后半部分与工件孔壁相碰。

（3）为了增加镗刀刚性，防止振动，刀杆伸出长度尽可能短一些，一般比工件孔深长 5 mm～10 mm。

（4）为了确保镗孔安全，通常在镗孔前把镗刀在孔内试走一遍，这样才能保证镗孔顺利进行。

（5）加工台阶孔时，主刀刃应和端面成 30°～50°的夹角，在镗削内端面时，要求横向有足够的退刀余地。

（二）孔的加工方法

（1）通孔加工。通孔车削方法基本与加工外圆相似，只是进刀方向与车削加工外圆方向相反；粗、精车都要进行试切和试测，也就是根据余量的一半横向进给，当镗刀纵向切削至 2 mm 左右时纵向退出镗刀（横向不动），然后停车试测。反复进行，直至符合孔径精度要求为止。

（2）阶台孔加工 。镗削直径较小的台阶孔时，由于直接观察比较困难，尺寸不易掌握，所以通常采用先粗、精车小孔，再粗、精车大孔的方法进行。镗削大的阶台孔时在视线不受影响的情况下，通常采用先粗车大孔和小孔，再精车大孔和小孔的方法进行。镗削孔径大、小相差悬殊的阶台孔时，最好采用主偏角85°左右的镗刀先进行粗镗，留余量用90°镗刀精镗。

（3）内孔控制长度的方法。孔的加工中，粗车时采用刀杆上刻线、使用床鞍刻度盘的刻线来控制长度；精车时使用钢尺、深度尺配合小滑板刻度盘的刻线来控制长度，如图 2 – 12。

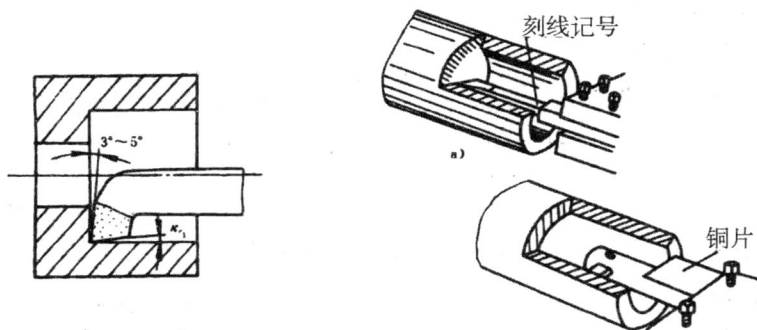

图 2 – 12　内孔控制长度的方法

（4）切削用量的选。切削加工时，由于镗刀刀尖先切入工件，因此其受力较大，再加上刀尖本身强度差，所以容易碎裂；其次由于刀杆细长，在切削力的影响下，吃刀深了，容易弯曲振动。一般练习的孔径在20 mm ~50 mm 之间，切削用量可参照以下数据选择：

粗车：n　400 ~ 500 r/min　　精车：n　600 ~ 800 r/min

f　0.2 mm ~ 0.3 mm　　　　　f　0.1 mm 左右

ap　1 mm ~ 3 mm　　　　　　ap　0.3 mm 左右

（三）内径表的安装校正与使用

（1）安装与校正：在内径测量杆上安装表头时，百分表的测量头和测量杆的接触量一般为0.5 mm 左右；安装测量杆上的固定测量头时，其伸出长度可以调节，一般比测量孔径大0.2 mm 左右（可以用卡尺测量）；安装完毕后用百分尺来校正零位。

（2）使用与测量方法：内径百分表和百分尺一样是比较精密的量具，因此测量时，先用卡尺控制孔径尺寸，留余量 0.3 mm ~ 0.5 mm 时再使用内径百分表；否则余量太大易损坏内径表。测量中，要注意百分表的读法，长指针逆时针过零为孔小，逆时针不过零为孔大。同时注意内径表上下摆动取最小值。

实训任务

任务一　车削套类工件

一、准备工作

1. 工件毛坯

检查毛坯尺寸：∅40 mm × 10 mm；材料：45 钢；数量：1 件　　单位：mm

2. 工艺装备

活扳手　90°车刀　切断刀　镗孔刀　0 ~ 150 mm 的游标卡尺

25 ~ 50 mm 的千分尺　铜皮

二、操作步骤

学生完成。

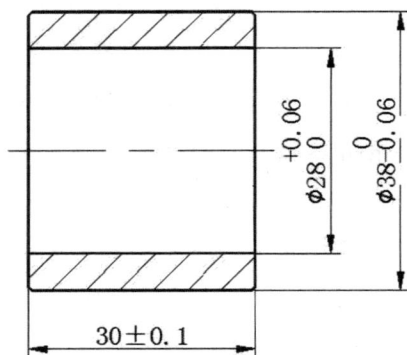

图 2 - 13　车削套类工件

表 2 - 12　车削套类工件评分标准

序号	项目	考核内容	配分（分）		学生自评	小组评价	教师评价	企业评价
			IT	Ra				
1	外圆	$\varnothing 38^{0}_{-0.060}$ mm	20	10				
2		$\varnothing 28^{+0.060}_{0}$ mm	40	10				
3	长度	30 ± 0.10 mm	10					
4	其他	端面 Ra3.2 μm	6					
5		倒角 C1（5 处）	4					
6	安全文明生产		违章酌情扣分					
7	合计		100					

实训项目十二　车削外圆锥体

实训目标

（1）掌握转动小滑板车削圆锥体的方法。

（2）根据工件的锥度，会计算小滑板的旋转角度。

（3）掌握锥度检查的方法：使用量角器和卡尺检查；使用套规检查，涂色检查要求接触率 50% ~ 60%。

实训器材

CA6140 车床　活扳手　90°粗车刀　90°精车刀　45°车刀　圆锥套 0 ~ 150 mm 的游标卡尺　25 ~ 50 mm 的千分尺　铜皮

基本知识

车较短的圆锥体时，可以用转动小滑板的方法。小滑板的转动角度也就是小滑板导轨与车床主轴轴线相交的一个角度，它的大小应等于所加工零件的圆锥半角值，小滑板的转动方向决定于工件在车床上的加工位置。

（一）转动小滑板车圆锥体的特点

（1）能车圆锥角度较大的工件，可超出小滑板的刻度范围。

（2）能车出整个圆锥体和圆锥孔，操作简单。

（3）只能手动进给，劳动强度大，但不易保证表面质量。

（4）受行程限制只能加工锥面不长的工件。

（二）小滑板转动角度的计算

根据被加工零件给定的已知条件，可应用下面公式计算圆锥半角。

$$\tan a/2 = C/2 = D - d/2L$$

式中：$a/2$——圆锥半角；

C——锥度；

D——最大圆锥直径；

d——最小圆锥直径；

L——最大圆锥直径与最小圆锥直径之间的轴向距离。

应用上面公式计算出 $a/2$，需查三角函数表得出角度，比较麻烦，因此，如果 $a/2$ 较小在 1°~3°，可用乘上一个常数的近似方法来计算。即 $a/2 = $ 常数 $\times D - d/L$，其常数可从表 2-13 中查出。

表 2-13　计算圆锥半角的常数

$D - d/l$ 或 C	常数	备注
0.10~0.20	28.6°	
0.20~0.29	28.5°	
0.29~0.36	28.4°	本表适用 $a/2$ 在 8°~13°；6° 以下常数值为 28.7°
0.36~0.40	28.3°	
0.40~0.45	28.2°	

（三）对刀方法

（1）车外锥时，利用端面中心对刀。

（2）车内锥时，可利用尾座顶尖对刀或者在孔端面上涂上显示剂，用刀尖在端面上划一条直线，卡盘旋转 180°，再划一条直线，如果重合则车刀已对准中心，否则继续调整垫片厚度达到对准中心的目的。

（四）加工锥度的方法及步骤

（1）方法。

①百分表小验锥度法

尾座套筒伸出一定长度，涂上显示剂，在尾座套筒上取一定尺（一般应长于锥长），百分表装在小滑板上，根据锥度要求计算出百分表在定尺上的伸缩量，然后紧固小滑板螺钉。此种方法一般不需试切削。

②空对刀法

利用锥比关系先把锥度调整好，再车削。此方法是先车外圆，在外圆上涂色，取一个合适的长度并划线，然后调小滑板锥度，紧固小滑板螺钉，摇动中滑板使车刀轻微接触外圆，并摇动小滑板使其从线的一端到另一端后。摇动中滑板前进刀具并记住刻度盘刻度，并计算锥比关系，如果中滑板前进的刻度在计算值 ±0.1 格，则小滑板锥度合格；如果中滑板前进的刻度大了，则说明锥度大了；如果中滑板前进的刻度小了，则说明锥度小。

（2）步骤。

①根据图纸得出角度，将小滑板转盘上的两个螺母松开，转动一个圆锥半角后固定两个螺母。

②进行试切削并控制尺寸，要求锥度在五次以内合格。

③检查。

（五）检查方法

（1）用量角器测量（适用于精度不高的圆锥表面）。

根据工件角度调整量角器的安装，量角器基尺与工件端面通过中心靠平，直尺与圆锥母线接触，利用透光法检查，人视线与检测线等高，在检测线后方衬一白纸以增加透视效果，若合格即为一条均匀的白色光线。当检测线从小端到大端逐渐增宽（即锥度小，反之则大），需要调整小滑板角度，见图 2 - 14。

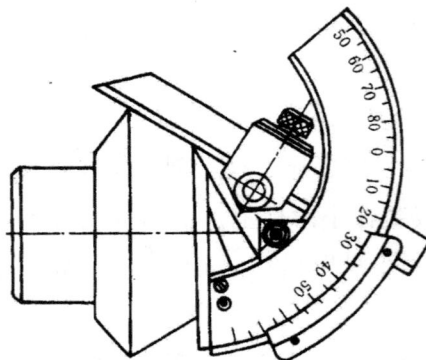

图 2 - 14　用量角器测量角度

（2）用套规检查（适用于较高精度锥面）。

①可通过感觉来判断套规与工件大小端直径的配合间隙，调整小滑板角度。

②在工件表面上顺着母线相隔120°，均匀地涂上三条显示剂。

③把套规套在工件上转动半圈之内。

④取下套规检查工件锥面上显示剂情况，若显示剂在圆锥大端擦去，小端未擦去，表明圆锥半角小；否则圆锥半角大。根据显示剂擦去情况调整锥度。

用转动小滑板方法车外圆锥体的注意事项：

（1）粗车时，进刀量不宜过大，应先找正锥度，一般小滑板转动角度应稍大于圆锥半角（$\alpha/2$），然后逐步找正锥度，以防工件车小而报废。

（2）注意转动小滑板方向必须正确：顺锥→逆时针方向，倒锥→顺时针方向。

（3）车刀的刀尖必须严格对准工件的回转中心，避免产生双曲线误差。

（4）两手握小滑板手柄并均匀移动小滑板，以防工件表面车削痕迹粗细不一。

（5）注意在用扳手扳小滑板下面转盘紧固螺母时，防止打滑伤手。

（6）车削圆锥体前对圆柱直径的要求，一般按圆锥体大端直径放余量1mm左右。

实训任务

任务一　车外圆锥体

毛坯：$\varnothing 40$ mm × 95 mm　材料：45 钢　时间：100 min　单位：mm

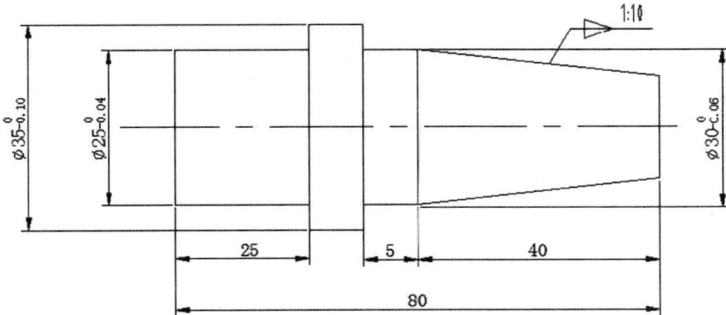

图 2 – 15　车外圆锥体

技术要求：

（1）未注外圆公差为 ± 0.08 mm。

（2）不许使用锉刀、砂布。

（3）未注倒角 1 × 45°。

（4）未注长度公差尺寸为 ± 0.2 mm 加工。

表 2 – 14　车外圆锥体评分标准

序号	项目	考核内容	配分（分）		学生自评	小组评价	教师评价	企业评价
			IT	Ra				
1	外圆	$\varnothing 35^{0}_{-0.10}$ mm	5	5				
2		$\varnothing 25^{0}_{-0.040}$ mm	5	5				
3		$\varnothing 30^{0}_{-0.050}$ mm $\varnothing 26^{0}_{-0.10}$ mm	5	5				
4	长度	25 mm	5					
5		5 mm	5					
6		$40^{0}_{-0.10}$ mm	15					
7		80 ± 0.1 mm	5					

续表

序号	项目	考核内容	配分（分）		学生自评	小组评价	教师评价	企业评价
			IT	Ra				
8	锥面	1∶10		10				
9	其他	端面 Ra3.2 μm	10					
10		倒角 2×45°	10					
11	安全文明生产，酌情扣分		10					
12	合计		100					

任务二　车外圆锥体

毛坯：∅40 mm×125 mm　材料：45 钢　时间：90 min　单位：mm

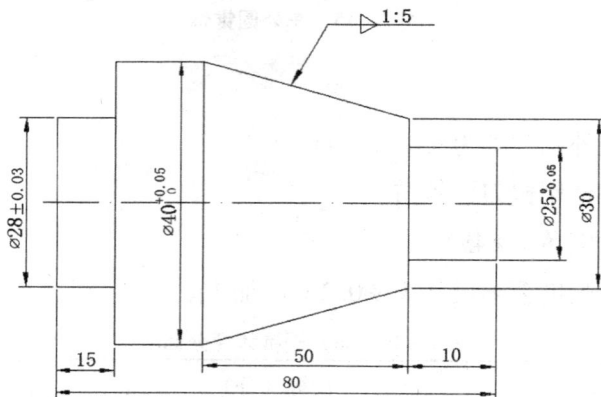

图 2-16　车外圆锥体

技术要求：

（1）未注外圆公差为 ±0.08 mm。

（2）不许使用锉刀、砂布。

（3）未注倒角 1×45°。

（4）未注长度公差尺寸为 ±0.2 mm 加工。

表2-15　车外圆锥体评分标准

序号	项目	考核内容	配分（分）		学生自评	小组评价	教师评价	企业评价
			IT	Ra				
1	外圆	$\varnothing$30 mm	5	5				
2		$\varnothing$40$^{0}_{+0.050}$ mm	5	5				
3		$\varnothing$28 ± 0.03 mm	5	5				
4		$\varnothing$25$^{0}_{-0.050}$ mm	4	4				
5 mm	长度	15 mm	3					
6		10 mm	3					
7		50 mm	3					
8		80 mm ± 0.1 mm	3					
9	锥面	1：5	10	10				
10	其他	端面 Ra3.2 μm	10					
11		倒角 2×45°	10					
12	安全文明生产，酌情扣分		10					
13	合计		100					

任务三　车外圆锥体

毛坯：$\varnothing$43 mm×90 mm　材料：45 钢　时间：60 min　单位：mm

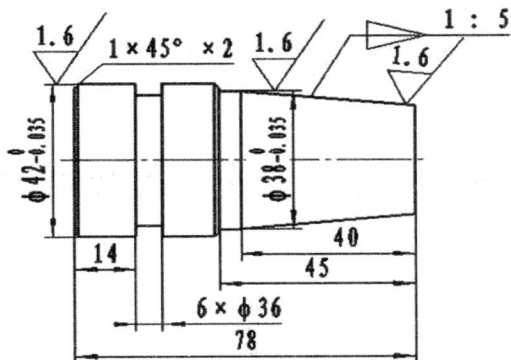

图2-17　车外圆锥体

技术要求：

（1）未注外圆公差、未注长度按 IT10。

（2）未注倒角 $0.5 \times 45°$。

表 2 - 16　车外圆锥体评分标准

序号	考核项目	配分（分）	学生自评	小组评价	教师评价	企业评价
1	$\varnothing42^0_{-0.035}$ mm	10				
2	$\varnothing38^0_{-0.035}$ mm	10				
3	$C = 1/5$	10				
4	40 mm	4				
5	45 mm	4				
6	78 mm	4				
7	14 mm	4				
8	6（槽宽）mm	4				
9	$\varnothing36$（槽底直径）mm	3				
10	$Ra1.6$ μm（4 处）	16				
11	$Ra3.2$ μm（4 处）	8				
12	倒角（2 处）	4				
13	倒毛刺（3 处）	4				
14	安全文明操作	15				
15	合　计	100				

实训项目十三　车削内圆锥体

实训目标

（1）握转动小滑板车圆锥孔的方法。

（2）掌握反装刀法和主轴反转法车圆锥孔。

（3）合理选择切削用量。

实训器材

CA6140 车床 圆锥塞规 活扳手 90°粗车刀 切断刀 90°精车刀 0～150 mm 的游标卡尺 25～50 mm 的千分尺 铜皮

基本知识

车圆锥孔比圆锥体困难，因为车削工作在孔内进行，不易观察，所以要特别小心。为了便于测量，装夹工件时应使锥孔大端直径的位置在外端。

（一）转动小滑板车圆锥孔

（1）先用直径小于锥孔小端直径 1～2 mm 的钻头钻孔（或车孔）。

（2）调整小滑板镶条松紧及行程距离。

（3）用钢直尺测量的方法装夹车刀。

（4）转动小滑板角度的方法与车外圆锥相同，但方向相反。应顺时针转过圆锥半角，进行车削。当锥形塞规能塞进孔约 1/2 长时，用涂色法检查，并找正锥度。

（二）反装刀法和主轴反转法车圆锥孔

（1）先把外锥车好。

（2）不要变动小滑板角度，反装车刀或用左镗孔刀进行车削。

（3）用左镗孔刀进行车削时，车床主轴应反转，如图 2-18。

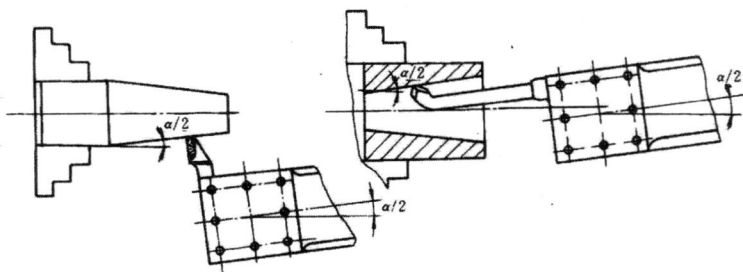

图 2-18 车刀反装车配套内圆锥面

（三）切削用量的选择

（1）切削速度比车外圆锥时低 10%～20%。

（2）手动进给量要始终保持均匀，不能有停顿与快慢现象。最后一刀的切削深度一般硬质合金取 0.3 mm，高速钢取 0.05～0.1 mm，并加切削液。

（四）圆锥孔的检查

（1）用卡尺测量锥孔直径。

（2）用塞规涂色检查，并控制尺寸。

（3）根据塞规在孔外的长度计算车削余量，并用中滑板刻度进刀。

实训任务

任务一　车内圆锥体

毛坯：Ø65 mm×90 mm　材料：45 钢　时间：40 min　单位：mm

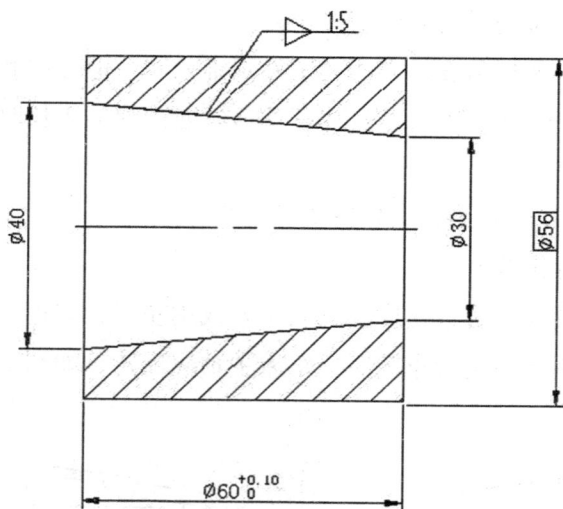

图 2-19　车内圆锥体

技术要求：

（1）未注外圆公差、未注长度按 IT10。

（2）未注倒角 1×45°。

表 2-17 车内圆锥体评分标准

序号	考核项目	配分（分）	学生自评	小组评价	教师评价	企业评价
1	$40^{0}_{-0.03}$ mm	20				
2	$56^{0}_{-0.03}$ mm	10				
3	$30^{+0.05}_{0}$ mm	20				
4	$C = 1/5$	20				
5	长度 50 mm	20				
6	倒角（2 处）	4				
7	$Ra1.6$ μm（3 处）	6				
8	安全文明生产	酌情扣分				
9	合　计	100				

任务二　车内圆锥体

毛坯：$\varnothing 45$ mm $\times 90$ mm　材料：45 钢　时间：40 min　单位：mm

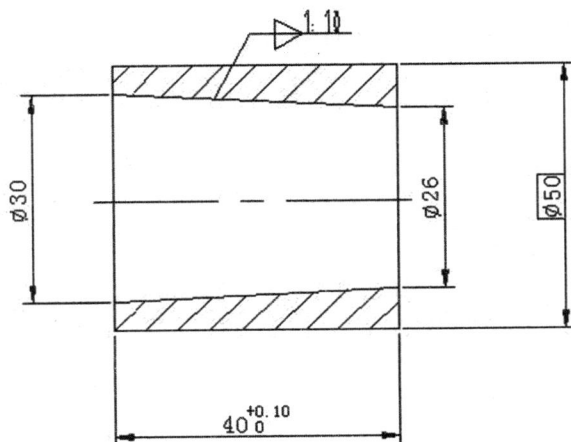

图 2-20　车内圆锥体

技术要求：

（1）未注外圆公差、未注长度按 IT10。

（2）未注倒角 1×45°。

表 2 - 18　车内圆锥体评分标准

序号	考核项目	配分（分）	学生自评	小组评价	教师评价	企业评价
1	$30_{-0.03}^{0}$ mm	20				
2	$26_{-0.03}^{0}$ mm	10				
3	$50_{0}^{+0.05}$ mm	20				
4	$C = 1/10$	20				
5	长度 40 mm	20				
6	倒角（2 处）	4				
7	$Ra1.6 \ \mu m$（3 处）	6				
8	安全文明生产	酌情扣分				
9	合　计	100				

任务三　车内圆锥体

毛坯：$\varnothing$45 mm × 90 mm　材料：45 钢　时间：90 min

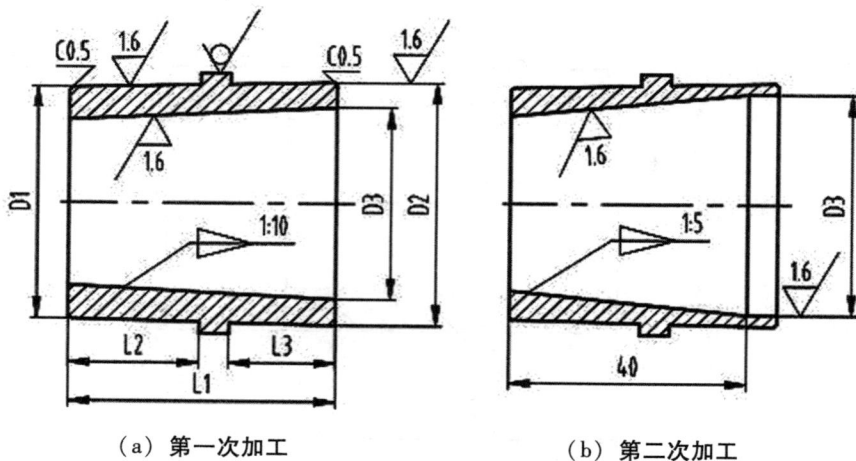

（a）第一次加工　　　　　　　　（b）第二次加工

图 2 - 21　车内圆锥体

技术要求：

（1）第二次加工注意装夹合适到工件变形。

（2）未注倒角毛刺 0.3 × 45°。

加工要求：

表 2 – 19　加工要求表

单位：mm

加工次数	D1	D2	D3	D4	D5	L1	L2	L3	L4
1	$40_{-0.03}^{0}$	$42_{-0.03}^{0}$	$33_{0}^{+0.05}$			45	22	18	
2	$40_{-0.03}^{0}$	$42_{-0.03}^{0}$	$38_{0}^{+0.05}$			45	22	18	

表 2 – 20　车内圆锥体评分标准

序号	考核项目	配分（分）	学生自评	小组评价	教师评价	企业评价	备注
1	400 – 0.03 mm	10					
2	430 – 0.03 mm	10					
3	33 + 0.050 mm	10					
4	$C = 1/10$	10					
5	45 mm	3					第一次加工
6	22 mm	3					
7	18 mm	3					
8	倒角（4 处）	4					
9	$Ra1.6\ \mu m$（3 处）	6					
10	400 – 0.03 mm	不加工					
11	420 – 0.03 mm	不加工					
12	38 + 0.050 mm	10					
13	$C = 1/5$	10					第二次加工
14	$Ra1.6\ \mu m$（1 处）	2					
15	倒角（2 处）	2					
16	同轴度 0.03	2					
17	安全文明生产	15					
18	合计	100					

实训项目十四 车削摇手柄

实训目标

（1）掌握车削手柄的步骤和方法。

（2）按图样要求用样板进行测量。

（3）掌握简单的表面修光方法。

实训器材

90°粗车刀 90°精车刀 切断刀 成形车刀 样板 0～150 mm 的游标卡尺 25～50 mm 的千分尺 铜皮

基本知识

（一）成形刀具

针对木柄锉刀把，要求学生用废旧锉刀磨出小圆头车刀及切断刀，见图 2－22。

图 2－22 成形刀具的种类

（二）车削方法

双手控制法：用双手同时摇动中滑板手柄和大滑板手柄，并通过目测协调双手进退动作，使车刀走过的轨迹与所要求的手柄曲线相仿。

其特点是灵活方便、不需要其他辅助工具，但需有较灵活的操作技术。

实训任务

任务一　车削摇手柄

毛坯：∅40 mm×100 mm　材料：45 钢　时间：90 min　单位：mm

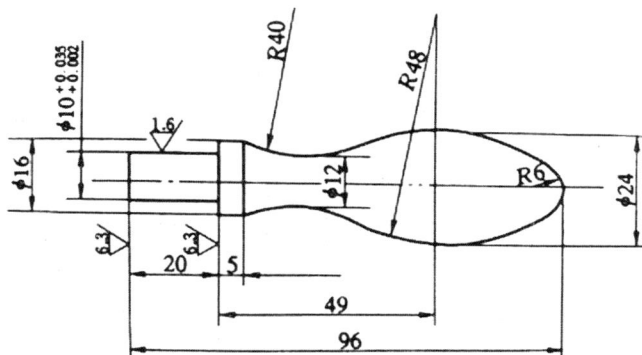

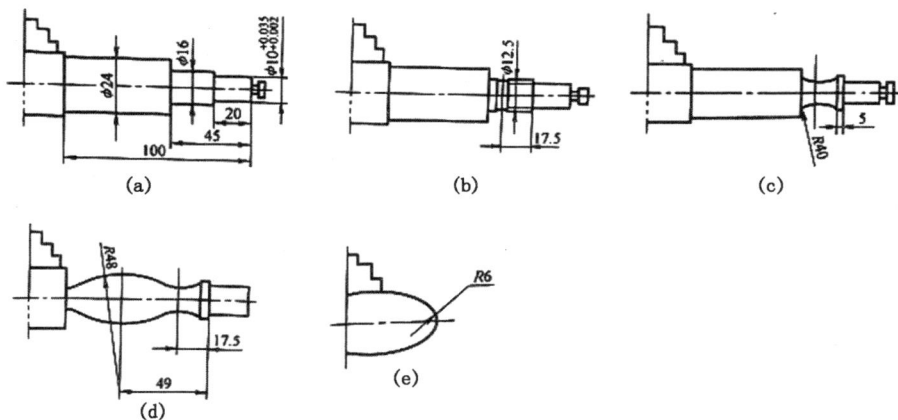

（a）粗车各段外圆　（b）车定位槽　（c）车凹圆弧面　（d）车凸圆弧面　（e）抛光手柄端部

图 2-23　车削摇手柄

技术要求：

（1）两端球面不允许留中心孔。

（2）允许用锉刀、砂布。

（3）不允许用成形刀。

参考车削顺序：

（1）夹住外圆车平面和钻中心孔（前面已钻好）。

（2）工件伸出长约110 mm，一夹一顶，粗车外圆如 Ø24 mm、长100 mm、Ø16 mm、长45 mm、Ø10 mm、长20 mm（各留精车余量0.1mm左右），见图2-23（a）。

（3）从 Ø16 mm 外圆的平面量起，长17.5 mm 为中心线，用小圆头车刀车 Ø12.5 mm 的定位槽，见图2-23（b）。

（4）从 Ø16 mm 外圆的平面量起，长大于5 mm 开始切削，向 Ø12.5 mm 定位槽处移动 R40 mm 圆弧面，如图2-23（c）所示。

（5）从小 Ø16 mm 外圆的平面量起，长49 mm 处为中心线，在 Ø24 mm 外圆上向左、右方向车 R48 mm 圆弧面，如图2-23（d）所示。

（6）精车中 $Ø10^{+0.035}_{+0.002}$ mm，长20 mm 至尺寸要求，并精车 Ø16 mm 外圆。

（7）用锉刀、砂布修整抛光（专用样板检查）。

（8）取下顶尖，用圆头车刀车 R6 mm，并切下工件。

（9）调头垫铜皮，夹住 Ø24 mm 外圆找正，用车刀或锉刀修整 R6 mm 圆弧，并用砂布抛光，如图2-23（e）所示。

表2-21 车削摇手柄评分标准

序号	项 目	考核内容	配分（分）	评分标准	学生自评	小组评价	教师评价	企业评价
1	成形面车削方法	双手控制法	4	错误不得分				
2		成形刀车削法	4	错误不得分				
3		仿形法	4	错误不得分				
4		专用工具车成形面	4	错误不得分				
5		抛光方法	4	错误不得分				
6	车成形面	Ø16	4	超差扣2分				
7		$Ø10^{+0.035}_{+0.002}$ mm	6	超差扣2分				
8		Ø12 mm	4	超差扣2分				
9		Ø24 mm	4	超差扣2分				
10		Ø12.5 mm	4	超差扣2分				
11		45 mm	4	超差扣2分				
12		100 mm	4	超差扣2分				
13		20 mm	4	超差扣2分				

续表

序号	项　目	考核内容	配分（分）	评分标准	学生自评	小组评价	教师评价	企业评价
14	车面形成	17.5 mm	4	超差扣2分				
15		96 mm	4	超差扣2分				
16		49 mm	4	超差扣2分				
17		5 mm	4	超差扣2分				
18		20 mm	4	超差扣2分				
19		R 40 mm	6	超差扣2分				
20		R 48 mm	6	超差扣2分				
21		R 6 mm	6	超差扣2分				
25	安全文明	内　容	8	视情况扣1~8分				
合计			100					

任务二　车削单球手柄

毛坯：Ø40 mm×80 mm　材料：45 钢　时间：90 min　单位：mm

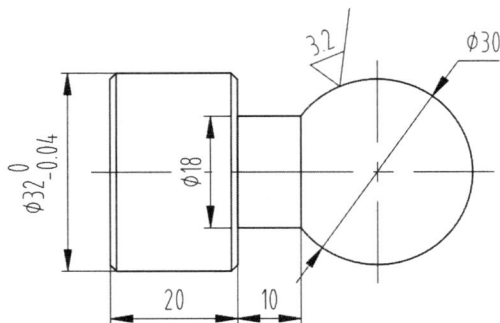

图 2 - 24　车削单球手柄

技术要求：

（1）未注长度公差尺寸为 ±0.2 mm 加工。

（2）允许使用锉刀、砂布。

（3）未注倒角 1×45°。

注意事项：

（1）要求培养学生目测能力和协调双手控制进车的技能。

（2）用砂布抛光要注意安全。

示范演示：（边示范边讲解）

（1）双手控制法车圆弧方法。

（2）砂布抛光方法。

（3）使学生看清每一步具体操作过程，进一步激发学生的积极性。

表 2－22　车削单球手柄评分标准

序号	项　目	配分（分）	评分标准	学生自评	小组评价	教师评价	企业评价
1	外圆公差（1 处）	5×1	超 0.01 扣 2 分，超 0.02 不得分				
2	外圆 $Ra3.2\ \mu m$（1 处）	5×1	降一级扣 2 分				
3	外沟槽（1 处）	10×1	超差槽壁不直扣分				
4	球体长度（1 处）	10×1	超差不得分				
5	倒角（2 处）	5×2	不合格不得分				
6	去锐边	5	一处不合格扣 0.5 分				
7	球面 $Ra3.2\ \mu m$（1 处）	10×1	不合格不得分				
8	球面公差（1 处）	20×1	不合格不得分				
9	工件外观	5	不完整扣分				
10	安全文明操作	20	违章扣分				
11	合计	100					

实训项目十五　车削表面滚花工件

实训目标

（1）了解滚花的种类及作用。

（2）掌握滚花刀在工件上的挤压方法、挤压要求及滚花技能。

（3）能分析滚花时的乱纹原因及防止方法。

（4）正确使用锉刀及砂布抛光。

实训器材

90°粗车刀　90°精车刀　0～150 mm 的游标卡尺　25～50 mm 的千分尺　铜皮　砂布　滚花刀

基本知识

（一）工件表面滚花

某些工具和机床零件的捏手部位，为了增加摩擦力和使零件表面美观，往往在零件表面上滚出各种不同的花纹。例如车床的刻度盘，外径千分尺的微分套管以及铰、攻扳手等。这些花纹一般是在车床上用滚花刀滚压而成的。

1. 花纹的种类

（1）直花纹；（2）斜花纹；（3）网花纹。

见下图 2－25。

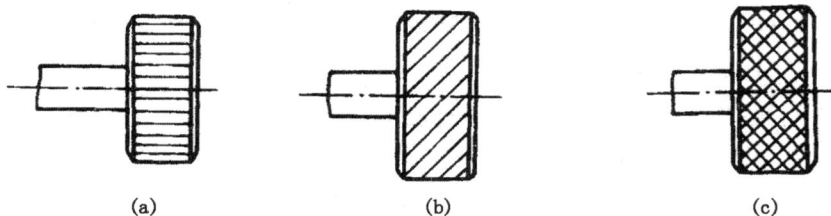

(a)　　　　　(b)　　　　　(c)

图 2－25　花纹的种类

77

2. 滚花刀

（1）单轮压直花纹和斜花纹。

（2）双轮滚压网花纹。

见下图2－26。

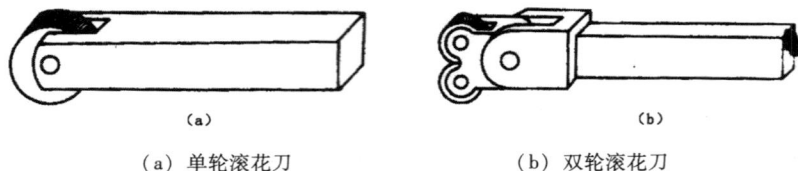

（a）单轮滚花刀 　　　　　（b）双轮滚花刀

图2－26　滚花刀的种类

3. 滚花方法

（1）由于滚花石工件表面产生塑性变形，所以在车削滚花外圆时，应根据工件材料的性质和滚花节距的大小，将滚花部位的外圆车小0.2～0.5 mm。

（2）滚花刀的安装应与工件表面平行。开始滚压时，挤压力要大，使工件圆周上一开始就形成较深的花纹，这样就不容易产生乱纹。为了减少开始时的径向压力，可用滚花刀宽度的二分之一或三分之一进行挤压，或把滚花刀尾部装得略向左偏一些，使滚花刀与工件表面产生一个很小的夹角，这样滚花刀就容易切入工件表面。停车检查花纹符合要求后，即可纵向机动进给，这样滚压一至二次就可完成。

（3）滚花时，应取较慢转速，并应浇注充分的冷却润滑液，以防滚轮发热损坏。

（4）由于滚花时径向压力较大，所以工件装夹必须牢靠。尽管如此，滚花时出现工件移位现象仍是难免的。因此在加工带有滚花的工件时，通常采用先滚花，再找正工件，然后再采用精车的方法进行。

（二）成形件的表面修光

（1）锉刀修整。通常用细纹板锉和特细纹板锉（油光锉）进行修整，锉削余量一般在0.03 mm之内。

（2）砂布抛光。

（3）型面的检验。

（4）车削时的注意事项。

①要培养目测球形的能力和协调双手控制进给动作的技能，否则容易把球面车成橄榄形和算盘珠形。

②用锉刀挫削弧形工件时，锉刀的运动要绕弧面进行。

③挫削时，为防止挫屑散落床面，影响床身精度，应垫护床板或护床纸。

实训任务

任务一　滚花工件加工

毛坯：Ø43 mm×110 mm　材料：45 钢　时间：45 min　单位：mm

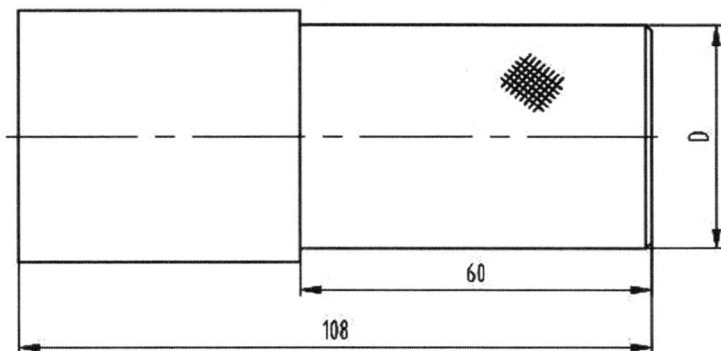

图 2-27　滚花工件加工

技术要求：

（1）未注长度公差尺寸为 ±0.2 mm 加工。

（2）允许使用锉刀、砂布。

（3）未注倒角 1×45°。

车削加工步骤：

（1）夹住毛坯外圆，找正、夹紧。

（2）车右端面，外圆 Ø43 mm，长 60 mm。

（3）滚斜纹。

（4）车外圆 Ø41 mm，长 60 mm。

（5）滚直纹。

（6）车外圆 Ø40 mm，长 60 mm。

（7）滚斜纹。

表 2-23　滚花工件加工评分标准

序号	项目	考核内容	配分（分）	评分标准	学生自评	小组评价	教师评价	企业评价
1	滚花基本知识	作　用	2	错误扣 1~4 分				
2		方　法	2	错误扣 1~4 分				
3	滚花刀种类	单　轮	2	错误扣 1~4 分				
4		双　轮	2	错误扣 1~4 分				
5		六　轮	2	错误扣 1~4 分				
6	滚花准备	对　刀	2	错误不得分				
7		速　度	2	错误不得分				
8		要　求	2	错误不得分				
9	花纹种类	直花纹	2	错误扣 1~4 分				
10		斜花纹	2	错误扣 1~4 分				
11		网花纹	2	错误扣 1~4 分				
12	滚花	D$\varnothing$43 mm	20	每超差 0.1mm 扣 1 分				
13		D$\varnothing$41 mm	20	每超差 0.1 mm 扣 1 分				
14		D$\varnothing$40 mm	20	每超差 0.1 mm 扣 1 分				
15		长度 60 mm	5	每超差 0.1 mm 扣 1 分				
16		长度 108 mm	5	每超差 0.1 mm 扣 1 分				
17	安全文明		8	违章扣分				
18	合计		100					

任务二　车滚花工件

毛坯：$\varnothing 42$ mm × 145 mm　材料：45 钢　时间：100 min　单位：mm

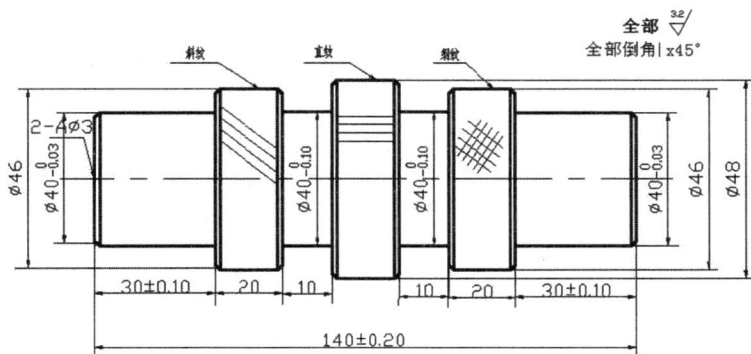

图 2 - 28　车滚花工件

技术要求：

（1）未注外圆公差为 ±0.05 mm。

（2）未注长度公差为 ±0.10 mm。

（3）未注倒角 1×45°。

表 2 - 24　车滚花工件评分标准

序号	项　目	配分（分）	评分标准	学生自评	小组评价	教师评价	企业评价
1	外圆公差（2 处）	5×2	超 0.01 扣 2 分				
2	外圆 Ra3.2 μm（2 处）	4×2	降一级扣 2 分				
3	滚花（3 处）	10×3	花纹不清乱纹扣分				
4	沟槽（2 处）	5×2	超差不得分				
5	长度公差（3 处）	3×3	超差不得分				
6	倒角（8 处）	2×8	不合格不得分				
7	平端面（2 处）	2×2	不合格不得分				
8	中心孔（2 处）	2×2	不合格不得分				
9	工件完整	4	不完整扣分				
10	安全文明操作	4	违章扣分				
11	合计	100					

注意事项：

（1）压力过大，进给量过慢，压花表面往往会滚出台阶和凹坑。

（2）滚直花纹时，滚花刀的直纹必须与工件轴心线平行。否则挤压的花纹不直。

（3）在滚花过程中，不能用手和棉纱去接触工件滚花表面，以防危险。

（4）细长工件滚花时，要防止顶弯工件。薄壁工件要防止变形。

实训小结：

滚花时产生乱纹的原因：

（1）滚花开始时，滚花刀与工件接触面积太大，使单位面积压力变小，易形成花纹微浅，出现乱纹。

（2）滚花刀转动不灵活，或滚刀槽中有细屑阻塞，有碍滚花刀压入工件。

（3）转速太高，滚花刀与工件容易产生滑动。

（4）滚轮间隙太大，产生径向跳动与轴向窜动等。

实训项目十六　车削三角形外螺纹

实训目标

（1）掌握运用倒顺车车三角形外螺纹的方法。

（2）掌握车三角形外螺纹的基本动作和方法

实训器材

CA6140 车床　螺纹车刀　90°粗车刀　样板　铜皮　90°精车刀　切断刀　0～150 mm 的游标卡尺　25～50 mm 的千分尺

实训重点

倒顺车方法：直进法倒顺车螺纹

基本知识

（一）螺纹的用途

（1）螺纹用途十分广泛，有连接（或固定）的作用，有传递动力的作用。

（2）其加工方法多种多样，大规模生产直径较小的三角螺纹，常采用滚丝、搓丝或轧丝的方法。而对于数量较少或批量不大的螺纹工件常用车削的方法。

（二）螺纹的分类

螺纹的分类很多，按照用途不同可分为链接螺纹和传递螺纹；按牙形特点可分为三角形螺纹、矩形螺纹、锯齿形螺纹和梯形螺纹等；按螺旋线方向可分为右旋螺纹和左旋螺纹；按螺旋线的多少又可分为单线螺纹和多线螺纹。

（三）螺纹的应用

在机器制造业中，三角形螺纹应用很广泛，常用于连接、紧固；在工具和仪器中还往往用于调节。

（四）三角形螺纹的特点

螺距小、一般螺纹长度短。其基本要求是：螺纹轴向剖面必须正确、两侧表面粗糙度小；中径尺寸符合精度要求；螺纹与工件轴线保持同轴。

（五）决定螺纹的基本要素有三个

（1）牙型角 α 是指螺纹轴向剖面内螺纹两侧面的夹角。公制螺纹 $\alpha = 60°$，英制螺纹 $\alpha = 55°$。

（2）螺距 P 是指沿轴线方向上相邻两牙间对应点的距离。

（3）螺纹中径 D_2（d_2）是指平螺纹理论高度 H 的一个假想圆柱体的直径。在中径处的螺纹牙厚和槽宽相等。

只有内外螺纹中径都一致时，两者才能很好地配合。

（六）螺纹代号

粗牙：M 公称直径

细牙：M 公称直径 × 螺距

（七）螺纹车刀的装夹

（1）装夹车刀时，刀尖一般应对准工件中心（可根据尾座顶尖高度检查）。

（2）车刀刀尖角的对称中心线必须与工件轴线垂直，装刀时可用样板来对刀。

（八）车螺纹时的动作练习

（1）选择主轴转速为 200 r/min 左右，开动车床，将主轴倒、顺转数次，然后合上开合螺母，检查丝杠与开合螺母的工作情况是否正常，若有跳动和自动抬闸现象，必须消除。

（2）空刀练习车螺纹的动作，选螺距 2 mm，长度为 25 mm，转速 165 ~ 200 r/min。开车练习开合螺母的分合动作，先退刀，后提开合螺母，动作协调。

（3）试切螺纹，在外圆上根据螺纹长度，用刀尖对准，开车并径向进给，使车刀与工件轻微接触，车一条刻线作为螺纹终止退刀标记，如图 2 － 29 所示，并记住中滑板刻度盘读数，后退刀。将床鞍摇至离断面 8 至 10 牙处，径向进给 0.05 mm 左右，调整刻度盘 "0" 位（以便车螺纹时掌握切削深度），合下开合螺母，在工件上车一条有痕螺旋线，到螺纹终止线时迅速退刀，提起开合螺母，用钢直尺或螺距规检查螺距，见图 2 － 29。

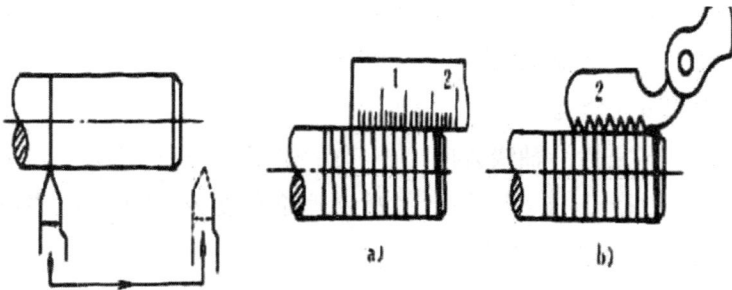

图 2 － 29　螺距检查方法

（九）车螺纹前工件的工艺要求

（1）螺纹大径一般应比基本尺寸车小 0.2 ~ 0.4 mm（约为 0.13p）。保证车好螺纹后牙顶处有 0.125p 的宽度（p 是工件螺距）。

（2）在车好螺纹前先用车刀在工件上倒角至略小于螺纹小径。

（3）铸铁（脆性材料）工件外圆表面粗糙度要小，以免车螺纹时牙尖崩裂。

（十）车削方法

一般选用直进法，车螺纹时，螺纹车刀刀尖及左右两侧刀刃都参加切削工作。每次车削由中滑板作径向进给。随着螺纹深度加深，切削深度相应减小。这种切削方法操作简便，可以得到比较正确的牙形，适用于螺距小于 2 mm 和脆性材料的螺纹车削。

（十一）中途对刀的方法

中途换刀或车刀刃磨后须重新对刀。即车刀不切入工件而按下开合螺母，待车刀移到工件表面处，正转停车。摇动中小滑板，使车刀刀尖对准螺旋槽，然后再正转开车，观察车刀刀尖是否在槽内，直至对准，再开始车削。

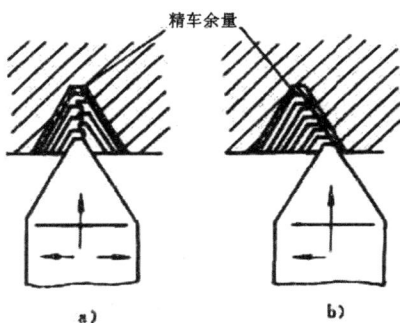

图 2 - 30　进刀方法

（十二）高速车螺纹

工厂中普遍采用硬质合金螺纹车刀进行高速车钢件螺纹，其切削速度比高速钢车刀高 15~20 倍，进刀次数可减少 2/3 以上，生产效率可大大提高。

1. 车刀的选择与装夹

（1）车刀的选择：通常选用镶有 YT15 刀片的硬质合金螺纹车刀，其刀尖角应小于螺纹牙型角 10°~30°，后角一般 30°~60°，车刀前面和后面要经过精细研磨。

（2）车刀的装夹：除了符合螺纹车刀的装夹要求外，为了防止震动和"扎刀"，刀尖应略高于工件中心，一般高 0.1～0.3 mm。

2. 车床的调整和动作练习

（1）调整床鞍和中小滑板，使之无松动现象，小滑板应紧一些。

（2）开合螺母要灵活。

（3）机床无显著振动；车削前作空刀练习，选择 200～500 r/min 转速。要求进刀、退刀、提起开合螺母，动作迅速、准确、协调。

3. 高速车螺纹

（1）车削进刀方式：车削时只能用直进法。

（2）削用量的选择：

例：螺距为 1.5 mm、2 mm，其切削深度分配如下：

$p = 1.5$ mm   总切削深度为 $0.65p = 0.975$ mm

第一刀切深 $= 0.5$ mm

第二刀切深 $= 0.375$ mm

第三刀切深 $= 0.1$ mm

$p = 2$ mm   总切削深度为 $0.65p = 1.3$ mm

第一刀切深 $= 0.6$ mm

第二刀切深 $= 0.4$ mm

第三刀切深 $= 0.2$ mm

第四刀切深 $= 0.1$ mm

4. 螺纹车削的进给次数和切削深度

表 2-25   常见米制①螺纹切削的进给次数和切削深度

单位：mm

螺距	牙深（半径值）	切削深度（直径值）								
		1 次	2 次	3 次	4 次	5 次	6 次	7 次	8 次	9 次
1.0	0.649	0.7	0.4	0.2						
1.5	0.974	0.8	0.6	0.4	0.15					

① 米制：一种计量制度，创始于法国，1875 年十七个国家的代表在法国巴黎开会议定为国际通用的计量制度。

续表

螺距	牙深（半径值）	切削深度（直径值）								
		1 次	2 次	3 次	4 次	5 次	6 次	7 次	8 次	9 次
2.0	1.299	0.9	0.6	0.6	0.4	0.1				
2.5	1.624	1.0	0.7	0.6	0.4	0.4	0.15			
3.0	1.949	1.2	0.7	0.6	0.4	0.4	0.2			
3.5	2.273	1.5	0.7	0.6	0.6	0.4	0.4	0.2	0.15	
4.0	2.598	1.5	0.8	0.6	0.6	0.4	0.4	0.4	0.3	0.2

表 2-26　常见英制①螺纹切削的进给次数和切削深度

单位：mm

牙/in	牙深（半径值）	切削深度（直径值）								
		1 次	2 次	3 次	4 次	5 次	6 次	7 次	8 次	9 次
24	0.678	0.8	0.4	0.16						
18	0.904	0.8	0.6	0.3	0.11					
16	1.016	0.8	0.6	0.5	0.14					
14	1.162	0.8	0.6	0.5	0.3	0.13				
12	0.355	0.9	0.6	0.6	0.4	0.21				
10	0.626	1.0	0.7	0.6	0.4	0.4	0.16			
8	2.033	1.2	0.7	0.6	0.5	0.5	0.4	0.17		

（十三）车螺纹方法

（1）倒顺车方法：直进法倒顺车螺纹。

（2）开合螺母法。

实训任务

教师示范：车螺纹

技术要求：

（1）未注倒角 1×45°。

（2）表面粗糙度 32°。

---

① 英制：单位制的一种，盎司、码、英亩、加仑等都是英制单位。

任务一 车三角形外螺纹

毛坯：$\varnothing 40$ mm × 105 mm 材料：45 钢 时间：90 min 单位：mm

按工件图完成加工操作：学生练习

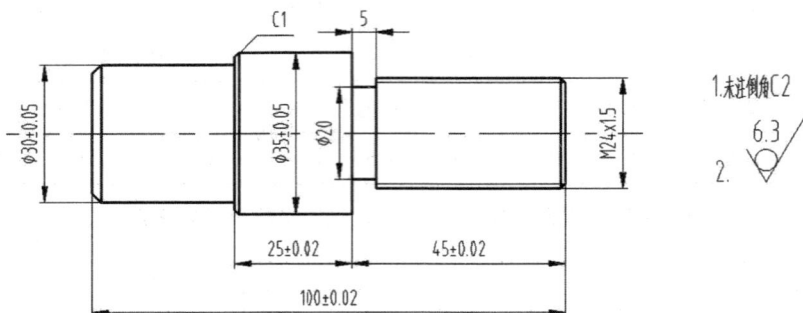

图 2-31 车三角形外螺纹

技术要求：

（1）未注公差尺寸按 IT11 加工。

（2）不许使用锉刀、砂布。

（3）未注倒角 0.5 × 45°。

工艺分析：

（1）加工右端面，粗车削 $\varnothing 35$ mm、$\varnothing 24$ mm。

（2）车削左端面，控制总长。

（3）调头装夹，车削螺纹。

表 2-27 车三角形外螺纹评分标准

序号	项目	考核内容	配分（分）		学生自评	小组评价	教师评价	企业评价
			IT	Ra				
1	外圆	$\varnothing 30$ mm ± 0.05 mm	5	5				
2		$\varnothing 35$ mm ± 0.05 mm	5	5				
4	长度	25 mm ± 0.2 mm	5	5				
5		45 mm ± 0.2 mm	5	5				
6		100 mm ± 0.2 mm	5					

续表

序号	项目	考核内容	配分（分）		学生自评	小组评价	教师评价	企业评价
			IT	Ra				
7	螺纹	M24 mm×1.5 mm	15	10				
8	切槽	5×1	5	5				
9	其他	端面 Ra3.2 μm	10					
10		倒角 1×45°	10					
11	安全文明生产		酌情扣分					
合　计			100					

评分标准：尺寸精度和形状位置精度超差时扣该项全部分，表面粗糙度增值时扣该项全部分。否定项：径向间隙精度等级超差时，该件视为不合格

任务二　车三角形外螺纹

毛坯：∅30 mm×100 mm　材料：45 钢　时间：45 min　单位：mm

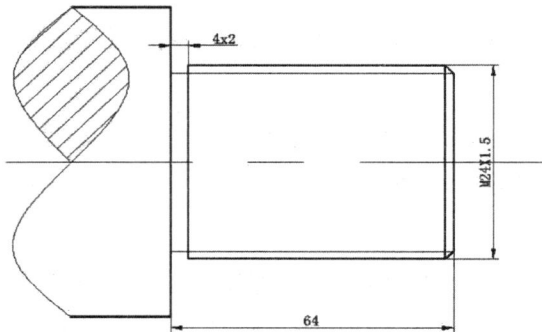

图 2-32　车三角形外螺纹

技术要求：

（1）未注外圆公差为 ±0.02 mm。

（2）不许使用锉刀、砂布。

（3）未注倒角 2×45°。

（4）未注长度公差尺寸为 ±0.2 mm 加工。

表 2 - 28　车三角形外螺纹评分标准

序号	项目	考核内容	配分（分）		学生自评	小组评价	教师评价	企业评价
			IT	Ra				
1	螺纹	M24 mm×1.5 mm	10	10				
2	切槽	4 mm×2 mm	10	10				
3	长度	64 mm	10	10				
4	其他	端面 Ra3.2 μm	10					
5		倒角 2×45°	10					
6	安全文明生产，酌情扣分		20					
合　计			100					

评分标准：尺寸精度和形状位置精度超差时扣该项全部分，表面粗糙度增值时扣该项全部分。否定项：径向间隙精度等级超差时，该件视为不合格

注意事项：

（1）车螺纹前要检查主轴手柄位置，用手旋转主轴（正、反），看是否过重或空转量过大。

（2）初学者操作不熟练，宜采用较低的切削速度，注意练习时，思想要集中。

（3）开合螺母必须闸到位，如感到未闸好，应立即起闸，重新进行。

（4）车铸铁螺纹时，径向进刀不宜过大，否则会使螺纹牙尖爆裂，造成废品。

（5）车无退刀槽的螺纹时，要注意螺纹的收尾在 1/2 圈左右。要达到这个要求，必须先退刀，后起开合螺母，且每次退刀要一致，否则会撞掉刀尖。

（6）车螺纹应保持刀刃锋利。如中途换刀或磨刀后，必须重新对刀，并重新调整中滑板刻度。

（7）粗车螺纹时，要留适当的精车余量。

（8）精车时，首先用最少的赶刀量车光一个侧面，把余量留给另一侧面。

（9）使用环规检查时，不能用力太大或用扳手拧，以免环规严重磨损

或使工件发生移位。

（10）车螺纹时应注意不能用手去摸正在旋转的工件，更不能用棉纱去擦正在旋转的工件。

（11）车完螺纹后应提起开合螺母，并把手柄拨到纵向进刀位置，以免在开车时撞车。

实训项目十七　车削三角形内螺纹

实训目标

（1）掌握用直进法车三角内螺纹的方法。

（2）掌握车有退刀槽内螺纹的退刀方法，能独立完成内螺纹的车削工作。

（3）合理选择切削用量和切削液的使用，用螺纹塞规检查内螺纹的方法。

（4）掌握内螺纹车刀的修磨及对刀方法，进一步掌握合理选择切削用量的方法。

实训器材

CA6140 车床　90°粗车刀　90°精车刀　内螺纹车刀　切断刀

0～150 mm 的游标卡尺　25～50 mm 的千分尺　铜皮　活扳手

实训重点

倒顺车方法：直进法倒顺车三角内螺纹。

基本知识

三角形内螺纹工件形状常见的有三种，即通孔、不通孔和台阶孔，如图 2-33 所示。其中通孔内螺纹容易加工。在加工内螺纹时，由于车削的方法和工件形状的不同，因此所选用的螺纹车刀也不相同，见图 2-33。

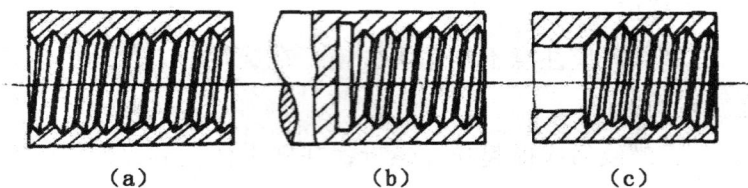

图 2 - 33　三角形内螺纹工件形状图

工厂中最常见的内螺纹车刀见图 2 - 34。

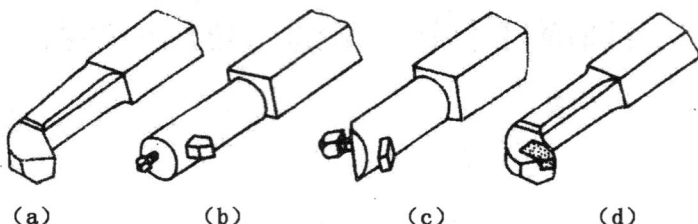

图 2 - 34　内螺纹车刀的种类

（一）内螺纹车刀的选择和装夹

（1）内螺纹车刀的选择：内螺纹车刀是根据它的车削方法和工件材料及形状来选择的。它的尺寸大小受到螺纹孔径尺寸限制，一般内螺纹车刀的刀头径向长度应比孔径小 3 ~ 5 mm。否则退刀时要碰伤牙顶，甚至不能车削。刀杆的大小在保证排屑的前提下，要粗壮些。

车刀的刃磨和装夹：内螺纹车刀的刃磨方法和外螺纹车刀基本相同，但是刃磨刀尖时要注意它的平分线必须与刀杆垂直，否则车内螺纹时会出现刀杆碰伤内孔的现象。刀尖宽度应符合要求，一般为 0.1 mm × 螺距。

（2）在装刀时，必须严格按样板找正刀尖。否则车削后会出现倒牙现象。刀装好后，应在孔内摇动床鞍至终点检查是否碰撞。

（二）三角形内螺纹孔径的确定

在车内螺纹时，首先要钻孔或扩孔，孔径公式一般可采用下面公式计算：

$$D_{孔} \approx d - 1.05p$$

（三）车通孔内螺纹的方法

（1）车内螺纹前，先把工件的内孔，平面及倒角车好。

（2）开车空刀练习进刀、退刀动作，车内螺纹时的进刀和退刀方向和车外螺纹时相反，如图2-35所示。练习时，需在中滑板刻度圈上做好退刀和进刀记号，见图2-35。

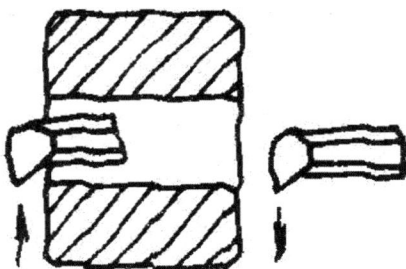

图2-35　车刀进刀的顺序

（3）进刀切削方式和外螺纹相同，螺距小于1.5 mm或铸铁螺纹采用直进法；螺距大于2 mm采用左右切削法。为了改善刀杆受切削力变形，它的大部分余量应先在尾座方向上切削掉，后车另一面，最后车螺纹大径。车内螺纹时目测困难，一般根据观察排屑情况进行左右赶刀切削，并判断螺纹表面的粗糙度。

（四）车盲孔或台阶孔内螺纹

（1）车退刀槽，它的直径应大于内螺纹大径，槽宽为2~3个螺距，并与台阶平面切平。

（2）选择盲孔车刀。

（3）根据螺纹长度加上1/2槽宽在刀杆上做好记号，作为退刀，开合螺母起闸之用。

（4）车削时，中滑板手柄的退刀和开合螺母起闸测动作要迅速、准确、协调，保证刀尖在槽中退刀。

切削用量和切削液的选择和车外三角螺纹时相同。

实训任务

任务一 车内三角形螺纹

毛坯：Ø50 mm×90 mm　材料：45 钢　时间：90 min　单位：mm

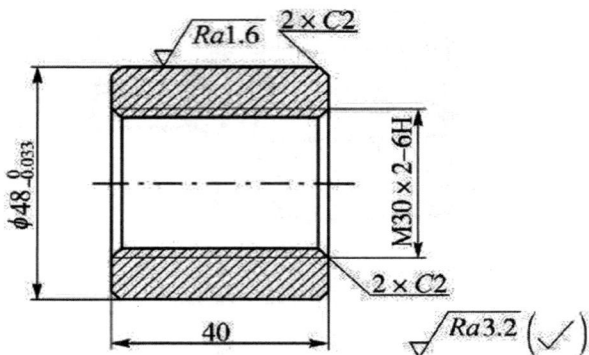

图 2－36　车内三角形螺纹

表 2－29　车内三角形螺纹评分标准

序号	项　目	配分（分）	评分标准	学生自评	小组评价	教师评价	企业评价
1	外圆公差（1 处）	10×1	超 0.01 扣 2 分				
2	外圆 Ra3.2 μm（1 处）	5×1	降一级扣 2 分				
3	M30×3.5（1 处）	40×1	不合格不得分				
4	长度公差（1 处）	10×1	超差不得分				
5	倒角（2 处）	6×2	不合格不得分				
6	平端面（2 处）	4×2	不合格不得分				
7	工件完整	5	不完整扣分				
8	安全文明操作	10	违章扣分				
9	合计	100					

任务二　车内三角形螺纹

毛坯：∅50 mm×90 mm　材料：45 钢　时间：90 min　单位：mm

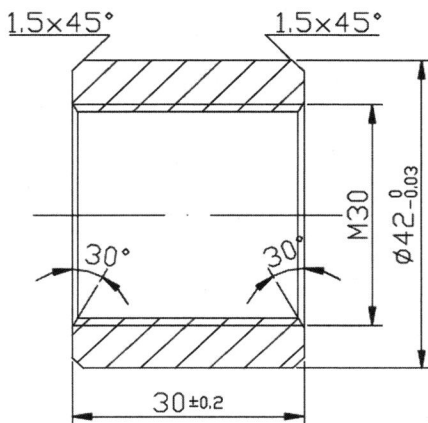

图 2-37　车内三角形螺纹

技术要求：

（1）未注外圆 $Ra3.2$ μm。

（2）未注长度公为差 ±0.10 mm。

（3）未注倒角 0.5×45°。

加工工艺步骤：

（1）夹住毛坯，伸出约 40 mm，平端面。

（2）粗车外圆 ∅42 mm×35 mm。

（3）精车外圆 ∅42 mm×35 mm，倒角。

（4）掉头，夹住 ∅42 mm×25 mm，平端面（控制总长）。

（5）钻孔，车孔至 ∅27.40 mm。

（6）粗车内螺纹 M30 mm×3.5 mm。

（7）精车内螺纹 M30 mm×3.5 mm。

（8）倒角，去毛刺。

表 2-30　车内三角螺纹评分标准

序号	质检项目	配分（分）	评分标准	学生自评	小组评价	教师评价	企业评价
1	外圆公差（1 处）	10×1	超 0.01 扣 2 分				
2	外圆 $Ra3.2\ \mu m$（1 处）	5×1	降一级扣 2 分				
3	M30×3.5（1 处）	40×1	不合格不得分				
4	长度公差（1 处）	10×1	超差不得分				
5	倒角（2 处）	6×2	不合格不得分				
6	平端面（2 处）	4×2	不合格不得分				
7	工件完整	5	不完整扣分				
8	安全文明操作	10	违章扣分				
9	合计	100					

模块三　车削综合技能训练

实训项目十八　车削梯形螺纹工件

实训目标

（1）了解梯形螺纹的作用和技术要求。

（2）掌握梯形螺纹车刀的修磨。

（3）掌握梯形螺纹的车削方法。

实训器材

CD6140A 型车床　高速钢梯形螺纹车刀　外圆车刀　端面刀　中心钻
后顶尖　铜皮

基本知识

梯形螺纹的轴向剖面形状是一个等腰梯形，一般做传动用，精度高；
如车床上的长丝杠和中小滑板的丝杠等。

（一）螺纹的一般技术要求

（1）螺纹中径必须与基准轴颈同轴，其大径尺寸应小于基本尺寸。

（2）车梯形螺纹必须保证中径尺寸公差。

（3）螺纹的牙形角要正确。

（4）螺纹两侧面表面粗糙度值要低。

（二）梯形螺纹车刀的选择和装夹

（1）车刀的选择通常采用低速车削，一般选用高速钢材料。

（2）车刀的装夹。

①车刀主切削刃必须与工件轴线等高（用弹性刀杆应高于轴线约

0.2 mm)，同时应和工件轴线平行。

②刀头的角平分线要垂直于工件的轴线。用样板找正装夹，以免产生螺纹半角误差。如图 3 − 1 所示：

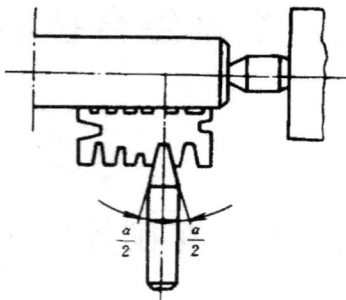

图 3 − 1 梯形螺纹车刀的校正

（三）工件的装夹

一般采用两顶尖或一夹一顶装夹。粗车较大螺距时，可采用四爪卡盘一夹一顶，以保证装夹牢固，同时使工件的一个台阶靠住卡盘平面，固定工件的轴向位置，以防止因切削力过大，使工件移位而车坏螺纹。

（四）车床的选择和调整

（1）挑选精度较高、磨损较少的机床。

（2）正确调整机床各处间隙，对床鞍、中小滑板的配合部分进行检查和调整，注意控制机床主轴的轴向窜动、径向圆跳动以及丝杠轴向窜动。

（3）选用磨损较少的交换齿轮。

（五）梯形螺纹的车削方法

（1）螺距小于 4 mm 和精度要求不高的工件，可用一把梯形螺纹车刀，并用少量的左右进给车削。

（2）螺距大于 4 mm 和精度要求较高的梯形螺纹，一般采用分刀车削的方法。

①粗车、半精车梯形螺纹时，螺纹大径留 0.3 mm 左右余量且倒角成 15°。

②选用刀头宽度稍小于槽低宽度的车槽刀，粗车螺纹（每边留 0.25 ～ 0.35 mm 的余量）

③用梯形螺纹车刀采用左右车削法车削梯形螺纹两侧面，每边留 0.1~0.2 mm的精车余量，并车准螺纹小径尺寸，见图 3-2（a）（b）。

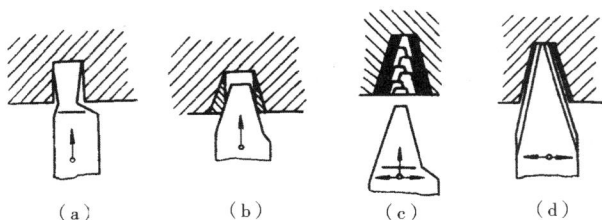

（a）　　　　（b）　　　　（c）　　　　（d）

图 3-2　梯形车刀进刀的方法

④精车大径至图样要求（一般小于螺纹基本尺寸）。

⑤选用精车梯形螺纹车刀，采用左右切削法完成螺纹加工，见图 3-2。

实训任务

任务一　车梯形螺纹

毛坯：∅40 mm×150 mm　材料：45 钢　时间：90 min　单位：mm

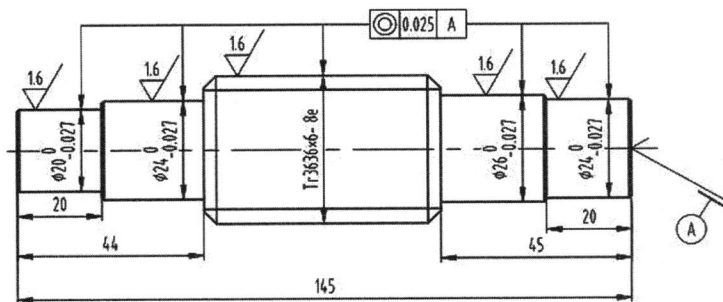

图 3-3　车梯形螺纹

技术要求：

（1）未注外圆 Ra3.2 μm。

（2）未注长度公为差 ±0.10 mm。

（3）未注倒角 0.5×45°。

加工步骤：学生完成

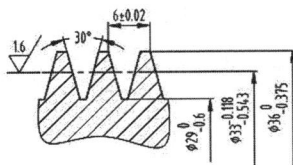

99

表 3 - 1　车梯形螺纹评分标准

序号	项目	配分（分）	学生自评	小组评价	教师评价	企业评价	备注
1	$\varnothing 20^{0}_{-0.027}$ mm	8					
2	$\varnothing 24^{0}_{-0.027}$ mm	8					
3	$\varnothing 36^{0}_{-0.375}$ mm	5					
4	$\varnothing 33^{-0.118}_{-0.543}$ mm	10					
5	$\varnothing 29^{0}_{-0.6}$ mm	4					
6	Tr36 × 6 mm	4					
7	$\varnothing 26^{0}_{-0.027}$ mm	8					
8	$\varnothing 24^{0}_{-0.027}$ mm	8					
9	20 mm	3					
10	44 mm	3					
11	20 mm	3					
12	45 mm	3					
13	倒角（6 处）	6					
14	$Ra1.6\ \mu m$（6 处）	12					
15	跳动 0.05 mm	5					
16	安全文明生产	10					
17	合计	100					

任务二　车梯形螺纹

技术要求：

（1）未注外圆 $Ra3.2$ μm。

（2）未注长度公为差 ±0.10 mm。

（3）未注倒角 $0.5 \times 45°$。

表 3-2　车梯形螺纹评分标准

序号	项　目	配分（分）	评分标准	学生自评	小组评价	教师评价	企业评价
1	外圆公差（3 处）	6×3	超 0.01 扣 2 分				
2	外圆 $Ra1.6$ μm（2 处）	4×2	降一级扣 2 分				
3	梯形螺纹 $Ra3.2$ μm	30	超差牙不正扣分				
4	退刀槽	5	超差不得分				
5	长度公差（5 处）	4×5	超差不得分				
6	倒角（3 处）	2×3	不合格不得分				
7	清角去锐边（4 处）	1×4	不合格不得分				
8	工件完整	4	不完整扣分				
9	安全文明操作	5	违章扣分				
10	合计	100					

注意事项：

（1）梯形螺纹车刀两侧副切削刃应平直，否则工件牙型角不正；精车时刀刃应保持锋利，要求螺纹两侧表面粗糙度要低。

（2）调整小滑板的松紧，以防车削时车刀移位。

（3）鸡心夹头或对分夹头应夹紧工件，否则车梯形螺纹时工件容易产生移位而损坏。

（4）车梯形螺纹中途复装工件时，应保持拨杆原位，以防乱牙。

（5）工件在精车前，最好重新修正顶尖孔，以保证同轴度。

（6）在外圆上去毛刺时，最好把砂布垫在锉刀下进行。

（7）不准在开车时用棉纱擦工件，以防出危险。

（8）车削时，为了防止因溜板箱手轮回转时不平衡，时床鞍移动时产生窜动，可去掉手柄。

（9）车梯形螺纹时以防"扎刀"，建议用弹性刀杆。

实训项目十九　车削定心轴

实训目标

（1）了解定心轴的作用和技术要求。

（2）掌握车削定心轴车削方法和步骤。

实训器材

CD6140A 型车床　外圆车刀　端面刀　螺纹车刀　中心钻　辅助夹具

基本知识

（一）中心孔的形状和作用

（1）A 型中心孔由锥孔和圆柱孔两部分组成，圆锥孔的圆锥角为 60°。

适用于：不需要多次装夹或不保留中心孔的工件。

（2）B 型中心孔是在 A 型中心孔的端部再加 120°的圆锥面。

适用于：多次装夹加工的零件。

（3）C 型中心孔是在 B 型中心 60°锥孔后加一短圆柱孔，后面有一内螺纹。

适用于：需要把其他零件轴向固定在轴上，或需将零件吊挂放置。

（4）R 型中心孔的形状与 A 型中心孔相似，只是将 A 型中心孔的 60°圆锥改成圆弧面。

适用于：精度要求较高的工件。

中心孔的尺寸以圆柱孔直径 D 为准。

直径 6.3 mm 以下的中心孔常用高速钢制成的中心钻直接钻出。

（二）中心钻折断的原因及预防

中心钻折断的原因是：

（1）中心钻轴线与工件旋转中心不一致，使中心钻受到一个附加力而折断。

（2）工件端面没车平，或中心处留有凸头，使中心钻不能准确地定心而折断。

（3）切削用量选用不合适，如工件转速太低而中心钻进给太快，使中心钻折断。

（4）中心钻磨钝后强行钻入工件也易折断。

（5）没有浇注充分的切削液或没及时清除切屑，以致切屑堵塞而折断中心钻。

（三）钻中心孔口诀

转速要选高，手摇慢进刀，注意勤润滑，及时清铁屑。

钻够深度莫进刀，轻压手轮润滑好，停止进刀一二秒，及时退出一定好。

实训任务

定心轴工件

毛坯：⌀35 mm×125 mm　材料：45 钢　时间：120 min　单位：mm

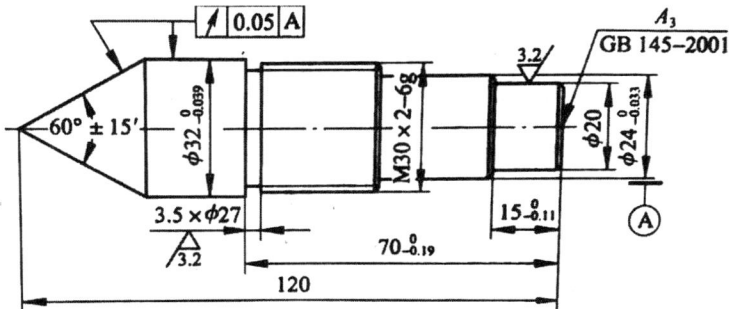

图 3-4　车削定心轴工件

技术要求：

（1）各表面不许用砂布抛光。

（2）未注明倒角 0.5×45°。

表 3 - 3　定心轴工件评分标准

序号	项目	考核内容	配分（分）		学生自评	小组评价	教师评价	企业评价
			IT	Ra				
1	外圆	$\varnothing 32^{0}_{-0.0390}$ mm	5	5				
2		$\varnothing 24^{0}_{-0.0330}$ mm	5	5				
3	螺纹	$\varnothing 30^{0}_{-0.080}$ mm	10					
4		$\varnothing 28.7^{0}_{-0.10}$ mm	10					
5		$60°$、$P = 2$	10					
6	长度	$15^{0}_{-0.110}$ mm	5					
7		$70^{0}_{-0.190}$ mm	5					
8	角度	$60° ± 0.15'$	10	5				
9	形位公差	圆跳动公差值 0.05 mm	10					
10	其他	A 型中心孔　端面 $Ra3.2 \mu m$	10					
11		倒角 $2 × 45°$	5					
12		安全文明生产	酌情扣分					
13		合计	100					

实训项目二十　车削轴承套

实训目标

（1）了解轴承套的作用和技术要求。

（2）掌握车削轴承套车削方法。

实训器材

CDE6140A 型车床　内孔车刀　外圆车刀　端面刀　中心钻　辅助夹具

实训任务

车削轴承套

毛坯：∅60 mm×70 mm　材料：HT200 ZQSn6－6－3　时间：120　单位：mm min

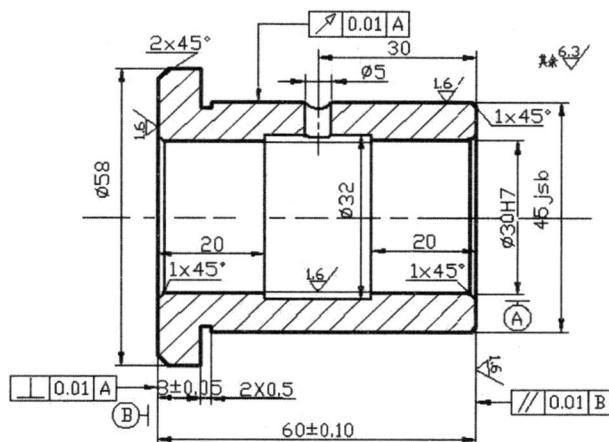

图 3－5　车削轴承套

技术要求：

（1）未注外圆公差为 ±0.05 mm。

（2）未注长度公为差 ±0.10 mm。

（3）未注明倒角 0.5×45°。

（4）会使用心轴。

工艺要求：

学生完成加工工艺。

表 3－4　车削轴承套评分表

序号	项目	考核内容	配分（分）	评分标准	学生自评	小组评价	教师评价	企业评价
1	外圆	∅45 *Ra*1.6 μm	16	超 0.01 扣 2 分超 0.02 不得分				
2		∅58 mm	4	超差不得分				
3	内孔	∅30 H7	20	超 0.01 扣 2 分超 0.02 不得分				
		*Ra*1.6 μm	10					

续表

序号	项目	考核内容	配分（分）	评分标准	学生自评	小组评价	教师评价	企业评价
4	沟槽	Ø32×20 mm	6	超差不得分				
5		2×0.5 mm	2	超差不得分				
6	长度	60±0.10 mm	6	超差不得分				
7		8±0.05 mm	3	超差不得分				
8	倒角	2×45°（4处）	2×4	不合格不得分				
9		1×45°		不合格不得分				
10	形位公差	垂直度、径向圆跳动、平行度	5×3	不合格不得分				
11	外观	工件完整	5	不完整扣分				
12	安全	安全文明操作	5	违章扣分				
13		合计	100					

实训项目二十一　车削偏心工件

实训目标

（1）掌握偏心工件的车削方法和测量方法。

（2）掌握偏心工件的加工方法和操作要领。

实训器材

CD6140A 型车床　外圆车刀　滚花刀　端面刀　辅助夹具　偏心垫块 磁力表座　小铜锤　铜皮0.1 mm　百分表0~5 mm　教学挂图

基本知识

（一）偏心工件的相关概念

在机械传动中，把回转运动变为往复直线运动或把往复直线运动变为回转运动，一般都是用偏心轴或曲轴来完成的。例如车床主轴变速箱中用偏心轴带动的润滑油泵，汽车发动机中的曲轴等。

　　偏心工件：外圆和外圆的轴线或内孔与外圆的轴线平行但不重合（彼此偏离一定距离）的工件。

　　偏心轴：外圆与外圆偏心的工件。

　　偏心套：内孔与外圆偏心的工件。

　　偏心距：两平行轴线之间的垂直距离。

　　偏心轴、偏心套一般都在车床上加工。其加工原理基本相同，都是要采取适当的安装方法，将需要加工偏心圆部分的轴线校正到与车床主轴轴线重合的位置后，再进行车削。加工偏心零件时的精度除尺寸要求外，还应注意控制轴线间的平行度和偏心距的精度。

　　（二）三爪自定心卡盘车偏心工件

　　1. 三爪自定心卡盘车削偏心工件的原理

　　对于长度较短、形状比较简单且加工数量较多的偏心工件，也可以在三爪自定心卡盘上进行车削。其方法是在三爪中的任意一个卡爪与工件接触面之间，垫上一块预先选好的垫片，使工件轴线相对车床主轴轴线产生位移，并使位移距离等于工件的偏心距，见图3－6。

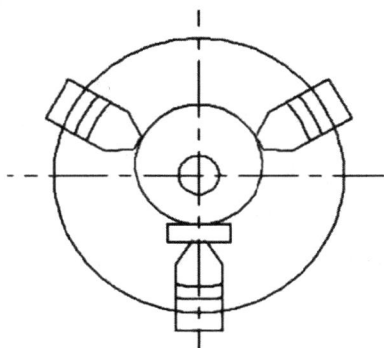

图3－6　三爪自定心卡盘上安装垫片

　　2. 垫片厚度的计算

　　垫片厚度 X 可按下列公式计算：$X = 1.5e \pm K$　$K \approx 1.5 \triangle e$

　　式中 X——垫片厚度，mm；

　　　　　e——偏心距，mm；

　　　　　k——偏心距修正值，正负值可按实测结果确定，mm（实测偏心距比工件要求的大，则垫片厚度的正确值应减去修正值；如果实测偏心距比工件要求的小，则垫片厚度的正确值应加上修正值）；

$\triangle e$——试切后，实测偏心距误差，mm。

3. 举例

例如：在三爪自定心卡盘加垫片的方法车削偏心距 $e = 4$ mm 的偏心工件，试试切后测得偏心距为 3.06 mm，计算垫片厚度 X。

解：先暂时不考虑修正值，初步计算垫片的厚度：

$$X = 1.5e = 1.5 \times 3 = 4.5 （mm）$$

垫入 4.5 mm 厚的垫片进行试切削，然后检查其实际偏心距是 3.06 mm，那么其偏心距误差为：

$$\triangle e = 3.06 - 3 = 0.06 （mm） \qquad K \approx 1.5 \triangle e = 1.5 \times 0.06 = 0.09 （mm）$$

由于实测偏心距比工件要求的大，则垫片厚度的正确值应减去修正值，即：

$$X = 1.5e - K = 1.5 \times 3 - 0.09 = 4.41 （mm）$$

4. 校正偏心

（1）将工件车成一根光轴，直径为 D，长为 L，使工件两平面与轴线垂直。

（2）找出误差最小的卡爪，将工件加垫块后适当夹紧，百分表置于中滑板上（或床鞍上）适当位置，使百分表对准工件外圆上的侧素线（百分表压力头应与工件素线方向垂直），移动床鞍，检查侧素线是否水平，若不呈水平，可用铜棒轻轻敲击进行调整（敲击工件使 A、B 两点用百分表找正偏心工件，表针一致如图 3－7）。

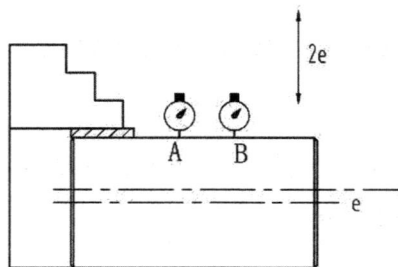

图 3－7　校正偏心

再将工件转过90°并校正另一条侧素线，如此反复校正和调整，直至使两条侧素线均呈水平（此时偏心圆的轴线与基准圆轴线平行），又使偏心圆轴线与车床主轴线重合为止。

（3）将百分表测杆触头垂直偏心工件的基准轴外圆，用手缓慢转动卡盘，使工件转过一周，百分表指示处最大值和最小值的一半即为偏心距，使偏心距在图样允许范围内，再进行车削。

5. 注意事项

在三爪自定心卡盘上车削偏心工件应注意以下几点：

（1）工件装夹后，需要百分表找正工件的上素线和侧面素线，使偏心轴线与基准轴线平行。

（2）选用硬度较高的材料作为垫片，以防止在装夹时发生变形。

（3）卡爪表面应平整，并与主轴轴线平行，不能呈锥形，以防工件装夹不牢固，在车削时弹出伤人。

（4）第一件加工结束后，应对垫片接触的卡爪作记号，以便在加工以后工件时，使垫片从开始始终接触同一卡爪，防止因垫片与卡爪接触不一致造成偏心距误差。

实训任务

任务一　车削偏心轴

毛坯：$\varnothing 50$ mm × 155 mm　材料：45 钢　时间：120 min　单位：mm

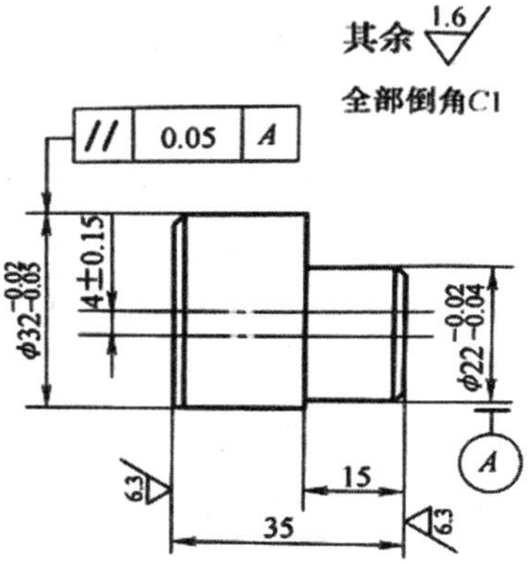

图 3-8　车削偏心轴

技术要求：

（1）未注外圆公差为 ±0.05 mm。

（2）未注长度公为差 ±0.10 mm。

（3）未注明倒角 0.5×45°。

偏心轴工件图样分析：

（1）该工件为一偏心轴，其基准外圆为 $\varnothing 45^{0}_{-0.125}$ mm，偏心外圆为 $\varnothing 33^{0}_{-0.021}$ mm。

（2）工件总长 70 mm，偏心距 3±0.2 mm，偏心外圆长 $30^{+0.21}_{0}$ mm。

（3）表面粗糙度值为 $Ra3.2~\mu m$，倒角为 $1×45°$。

车削偏心轴工件的步骤：

（1）装夹毛坯外圆，校正后，车外圆至 $\varnothing 50$ mm。

（2）工件调头夹 $\varnothing 50$ mm，校正加紧。

（3）粗车外圆至 $\varnothing 40$ mm，长 $30^{+0.21}_{0}$ mm。

（4）粗、精车外圆至 $\varnothing 45^{0}_{-0.125}$ mm，并倒角 $1×45°$。

（5）切断工件，保证工件总长 70 mm。

（6）夹工件外圆 $\varnothing 45^{0}_{-0.125}$ mm，长 30 mm 左右，垫垫片使偏心距 $e=3±0.2$ mm，车偏心外圆为 $\varnothing 33^{0}_{-0.021}$ mm，长 $30^{+0.21}_{0}$ mm，倒角 $1×45°$。

注意事项：

由于工件装夹偏心后，刚开始车削时，工件作偏心回转。两边的切削量相差很多，车刀应远离工件后再启动车床，然后，车刀刀尖从偏心的最高点逐步切入工件进行车削，切削用量不宜太大，以免在车削过程中，使偏心距移位而产生事故。

表 3-5　削偏心轴评分标准

序号	项　目	配分（分）	评分标准	学生自评	小组评价	教师评价	企业评价
1	外圆公差（2处）	5×2	超差不得分				
2	外圆 $Ra3.2~\mu m$（2处）	3×2	降一级扣3分				
3	长度公差（5处）	4×5	超差不得分				
4	偏心公差（1处）	20×1	超差不得分				

续表

序号	项　　目	配分（分）	评分标准	学生自评	小组评价	教师评价	企业评价
5	倒角（3处）	4×3	不合格不得分				
6	平端面（2处）	5×2	不合格不得分				
7	清角去锐边（3处）	4×3	不合格不得分				
8	工件完整	5	不完整扣分				
9	安全操作	5	违章扣分				
10	合计	100					

任务二　车削偏心套

毛坯：∅55 mm×70 mm　材料：45 钢　时间：120 min　单位：mm

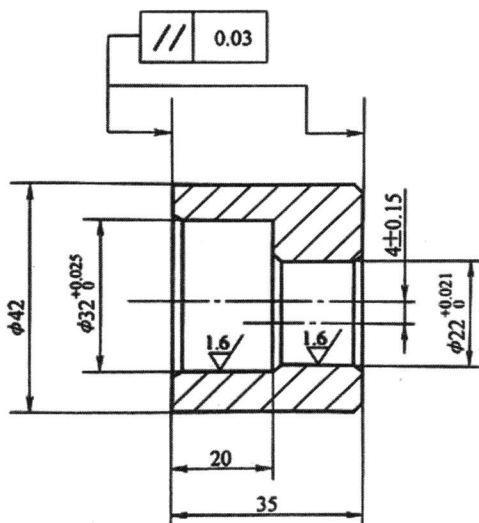

图 3-9　车削偏心套

技术要求：

（1）未注外圆公差为 ±0.05 mm。

（2）未注长度公为差 ±0.10 mm。

（3）未注明倒角 0.5×45°。

表3-6　车削偏心套评分标准

序号	项　目	配分（分）	评分标准	学生自评	小组评价	教师评价	企业评价
1	外圆公差（2处）	3×2	超差不得分				
2	外圆 Ra3.2 μm（2处）	3×2	降一级扣3分				
3	内孔公差2处	10×2	降一级扣3分				
4	长度公差（2处）	4×2	超差不得分				
5	偏心公差（1处）	20×1	超差不得分				
6	倒角（3处）	4×3	不合格不得分				
7	平端面（2处）	5×2	不合格不得分				
8	清角去锐边（3处）	3×3	不合格不得分				
9	几何公差	5	不完整扣分				
10	工件完整、安全操作	4	违章扣分				
11	合计	100					

实训项目二十二　车削三联球手柄

实训目标

（1）了解三联球手柄的作用和技术要求。

（2）掌握车削三联球手柄的计算方法。

（3）掌握车削三联球手柄车削方法。

实训器材

CDE6140A 型车床　成形车刀　外圆车刀　端面刀　中心钻　辅助夹具

实训任务

车削三联球手柄

毛坯：Ø50 mm×150 mm　　材料：45 钢　　时间：120 min　　单位：mm

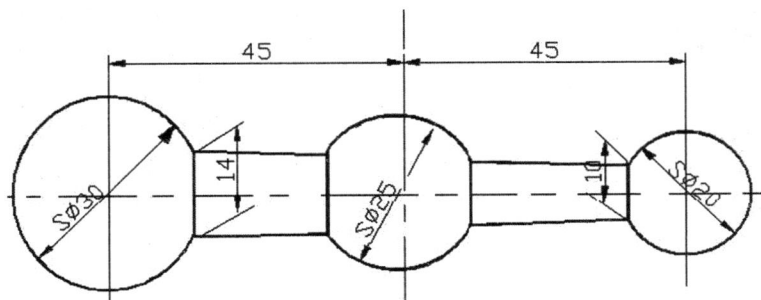

图 3 – 10　车削三联球手柄

技术要求：

（1）两端球面不允许留中心孔。

（2）允许用锉刀、砂布。

（3）不允许用成形刀。

车削工艺步骤：

（1）车端面及台阶外圆 Ø8 mm×8 mm，钻中心孔，车 Ø31 mm×10 mm 工艺阶台。

（2）调头装夹，车端面及台阶外圆 Ø8 mm×8 mm，控制总长，115 钻中心孔。

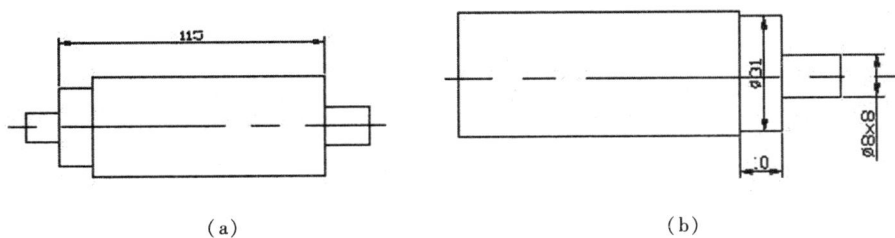

（a）　　　　　　　　　　　　　　　　　（b）

图 3 – 11

113

3. 夹 $\varnothing 31$ mm $\times 10$ mm 处，一夹一顶，车外圆至 $\varnothing 26$ mm，控制左端大圆长 28.5 mm，车 $\varnothing 21$ mm 控制左端长 72 mm，见图 3 – 12（a）。

4. 车槽 $\varnothing 13$ mm $\times 24.8$ mm，并控制小外圆长为 19 mm，车槽 $\varnothing 14.5$ mm $\times 20.5$ mm，并控制中间圆长为 22.2 mm，见图 3 – 12（b）。

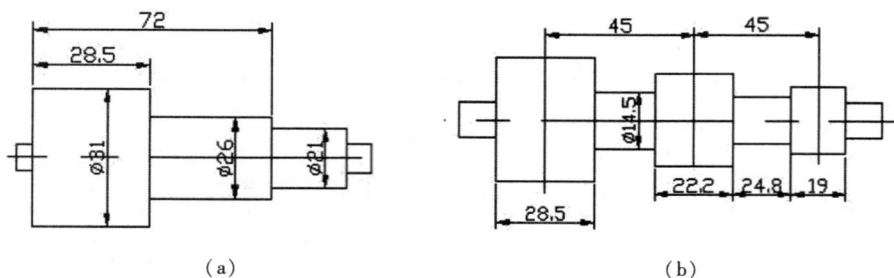

（a）

（b）

图 3 – 12

5. 调头粗车 $\varnothing 31$ mm 至 $\varnothing 30$ mm + 0.10 mm，见图 3 – 13（a）。

6. 车 $\varnothing 30$ mm 球面至尺寸，要求可留 0.05 mm 抛光量，见图 3 – 13（b）。

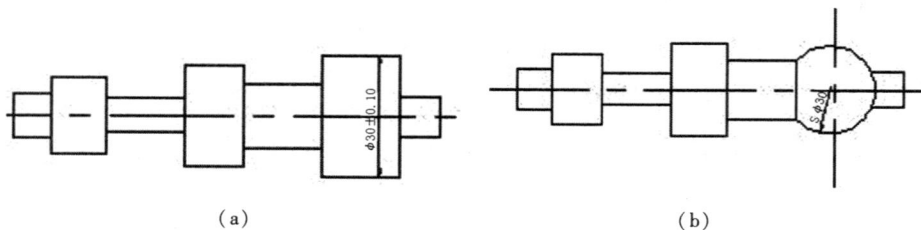

（a）

（b）

图 3 – 13

7. 调头精车 $S\varnothing 25$ mm 和 $S\varnothing 20$ mm 车准 1°45′ 圆锥体用锉刀修正，砂布抛光，见图 3 – 14（a）。

8. 分别车去 $\varnothing 8 \times 8$ mm 工艺头（自制夹套或铜皮），并修整抛光球面，见图 3 – 14（b）。

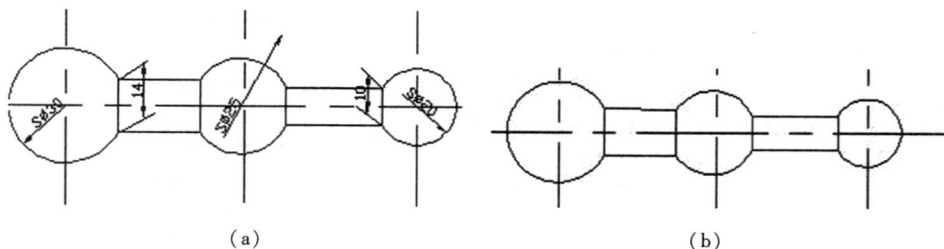

（a）

（b）

图 3 – 14

表 3-7 车削三联球手柄评分标准

序号	项目	配分（分）	评分标准	学生自评	小组评价	教师评价	企业评价
1	$S\varnothing30$ mm 、$Ra1.6$ μm	20	超0.01扣2分				
2	$S\varnothing25$ mm、$Ra1.6$ μm	20	降一级扣2分				
3	$S\varnothing20$ mm 、$Ra1.6$ μm	20	超差牙不正扣分				
4	外圆 $\varnothing14$ mm、$\varnothing10$ mm	10x2	超差不得分				
5	长度公差（2处）	5 x 2	超差不得分				
6	不允许留中心孔	2	不合格不得分				
7	清角去锐边	2	不合格不得分				
8	工件完整	2	不完整扣分				
9	安全文明操作	4	违章扣分				
10	合计	100					

实训项目二十三　车削锥面螺纹轴

实训目标

（1）掌握锥度的车削方法和测量方法。

（2）掌握外三角螺纹的车削方法和测量方法。

（3）掌握沟槽的车削方法。

实训器材

CD6140A 型车床　螺纹车刀　外圆车刀　切槽刀　端面刀　中心钻

辅助夹具

实训任务

车锥面螺纹轴工件

毛坯：$\varnothing$35 mm×105 mm　材料：45 钢　时间：90 min　单位：mm

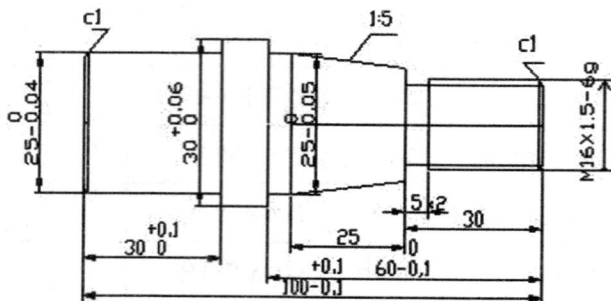

图 3－15　车锥面螺纹轴工件

技术要求：

（1）外圆表面粗糙度全部 Ra1.6 μm。

（2）未注倒角 0.5×45°。

（3）未注公差尺寸按 IT11 加工。

（4）不许使用锉刀、砂布修光。

学生完成：

（1）加工工艺分析。

（2）车削加工步骤。

表 3－8　车锥面螺纹轴工件评分标准

序号	项目	考核内容	配分（分）		学生自评	小组评价	教师评价	企业评价
			IT	Ra				
1	外圆	$\varnothing30_0^{+0.06}$ mm	10	5				
2		$\varnothing25_{-0.04}^{0}$ mm	10	5				
3	长度	$30_0^{+0.1}$ mm	5	5				
4		$60_{-0.1}^{0}$ mm	5	5				
5		100 ± 0.1 mm	5	5				

续表

序号	项目	考核内容	配分（分）		学生自评	小组评价	教师评价	企业评价
			IT	Ra				
6	螺纹	M16 × 1.5 − 6g	15					
7	锥面	$\varnothing25^{0}_{-0.05}$ mm $\varnothing20$ mm 长度 25 mm	18					
8	其他	端面 Ra3.2 μm（2 处）	6					
9		倒角（3 处）	6					
10		切槽 5 mm × 2 mm	4					
12		安全文明生产，酌情扣分	6					
合　计			100					

实训项目二十四 车削直通孔锥套

实训目标

（1）掌握直通孔锥套的车削方法和要求。

（2）掌握直通孔锥套的车削测量方法。

（3）培养学生遵守操作规程、养成文明操作、安全操作的良好习惯。

实训器材

CD6140A 型车床 外圆车刀 端面刀 成形刀 辅助夹具

实训任务

车削直通孔锥套

毛坯：$\varnothing75$ mm × 60 mm 材料：45 钢 时间：60 min 单位：mm

117

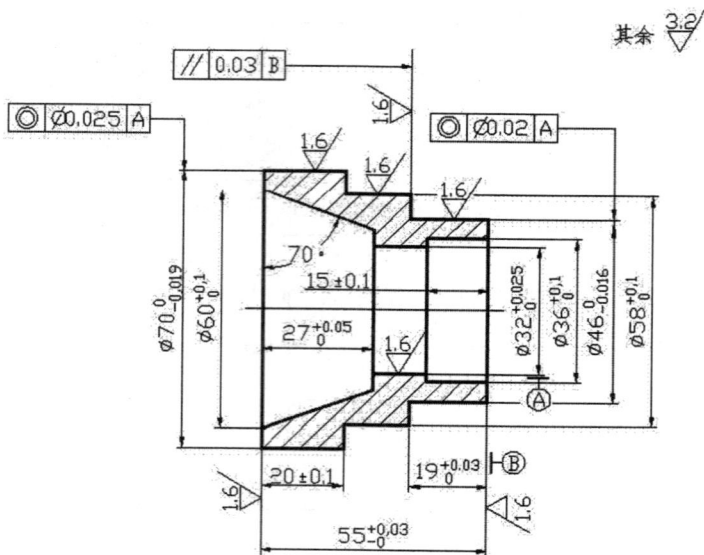

图 3-16　车削直通孔锥套

技术要求：

（1）外圆表面粗糙度全部 $Ra1.6\ \mu m$。

（2）未注倒角 $0.5 \times 45°$。

（3）未注公差尺寸按 IT11 加工。

安全要求：

（1）开车前检查、调试设备，加油，试运转。

（2）穿戴好劳保用品。

（3）工量刀具摆放整齐、装夹牢固、使用合理。

（4）加工完后擦拭机床，打扫场地。

工艺步骤：

（1）加工工艺分析（学生完成）。

（2）车削加工步骤（学生完成）。

表 3 – 9　车直孔锥套评分标准

序号	项　目	配分（分）	评分标准	学生自评	小组评价	教师评价	企业评价
1	外圆 $\varnothing 36_0^{+0.10}$ mm	5					
2	外圆 $\varnothing 46_{-0.016}^{0}$ mm	5					
3	外圆 $\varnothing 58_0^{+0.10}$ mm	5					
4	外圆 $\varnothing 70_{-0.019}^{0}$ mm	5					
5	外圆 $\varnothing 60_0^{+0.10}$ mm	5					
6	外圆 $\varnothing 32_0^{+0.25}$ mm	5					
7	长度 $55_0^{+0.30}$ mm	5					
8	长度 20 ± 0.1 mm	5					
9	长度 $19_0^{+0.30}$ mm	6					
10	长度 $27_0^{+0.05}$ mm	8					
11	长度 15 ± 0.1 mm	8					
12	$Ra3.2$ μm	3×6					
13	几何公差	3×4					
14	工件其它尺寸	2					
15	工件工艺步骤	8					
16	合计	100					
备注	说明：（1）工件缺陷外观明显缺陷扣 $10 \sim 30$ 分 　　　（2）不文明生产视情况扣 $2 \sim 0$ 分						

模块四 企业订单产品加工

实训项目二十五 输出连接杆加工

实训目标

（1）掌握输出连接杆的车削方法和要求。

（2）掌握输出连接杆的车削工艺步骤和测量方法。

（3）培养学生遵守车工操作规程，养成文明操作、安全操作的良好习惯。

实训器材

CD6140A 型车床 外圆车刀 端面刀 辅助夹具

工件图样

材料：45 钢 毛坯：∅70 mm×40 mm 数量：100 时间：60 min

单位：mm

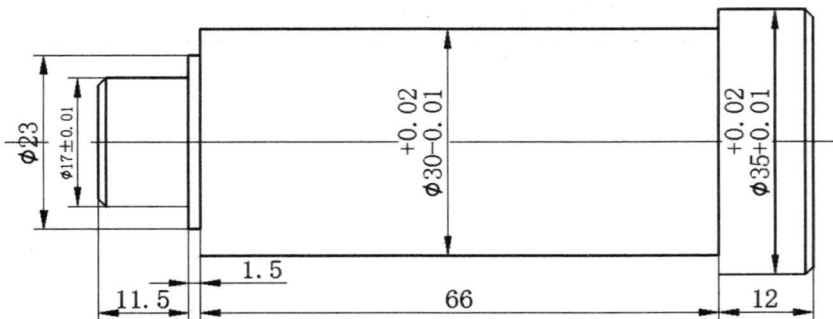

图 4-1 输出连接杆加工

技术要求：

（1）外圆表面粗糙度全部 Ra1.6 μm。

（2）未注倒角 0.5×45°。

（3）未注公差尺寸按 IT11 加工。

（4）不许使用锉刀、砂布修光。

工艺步骤：

（1）加工工艺分析（学生完成）。

（2）车削加工步骤（学生完成）。

表 4-1　输出连接杆加工评分标准

序号	项目	考核内容	配分（分）		学生自评	小组评价	教师评价	企业评价
			IT	Ra				
1	外圆	$\varnothing35^{+0.02}_{+0.01}$ mm	10	5				
2		$\varnothing30^{+0.02}_{-0.01}$ mm	10	5				
3		$\varnothing23$ mm	10	5				
4		$\varnothing17\pm0.1$ mm	10					
5	长度	66 mm	5					
6		11.5 mm	10					
7		12 mm	5					
8		1.5 mm	5					
9	其他	端面 Ra3.2 μm（2 处）	5					
10		倒角（3 处）	5					
11	安全文明生产，酌情扣分		10					
合　计			100					

实训项目二十六　挡圈加工

实训目标

（1）掌握挡圈的车削方法和要求。

（2）掌握挡圈车削工艺步骤和测量方法。

（3）培养学生遵守车工操作规程，养成文明操作、安全操作的良好习惯。

实训器材

CD6140A 型车床　外圆车刀　端面刀　内孔刀　麻花钻　辅助夹具

工件图样

材料：45 钢　毛坯：$\varnothing 85$ mm × 100 mm　数量：100　时间：60 min

单位：mm

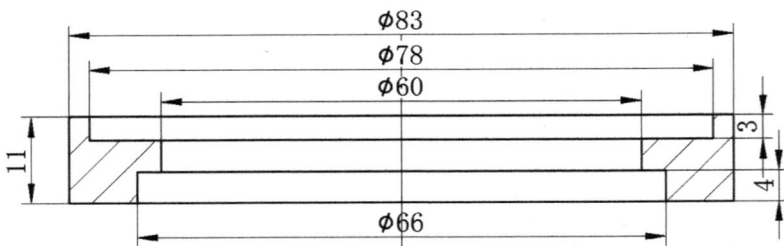

图 4 - 2　挡圈加工

技术要求：

（1）外圆表面粗糙度全部 $Ra1.6$ μm。

（2）未注倒角 $0.5 × 45°$。

（3）未注公差尺寸按 IT11 加工。

（4）不许使用锉刀、砂布修光。

工艺步骤：

（1）加工工艺分析（学生完成）。

（2）车削加工步骤（学生完成）。

表 4－2　挡圈加工评分标准

序号	项目	考核内容	配分（分）		学生自评	小组评价	教师评价	企业评价
			IT	Ra				
1	外圆	Ø83 mm	10	6				
2	内孔	Ø20 mm 深度 3 mm	10	10				
3		Ø66 mm 深度 4 mm	10	10				
4		Ø60 mm 深度 4 mm	10	10				
5	长度	11 mm	10	10				
6	其他	端面 Ra3.2 μm（2 处）	2					
7		倒角（2 处）	2					
8		安全文明生产	酌情扣分					
合　计			100					

实训项目二十七　皮带轮加工

实训目标

（1）掌握皮带轮的车削方法和要求。

（2）掌握皮带轮车削工艺步骤和测量方法。

（3）培养学生遵守车工操作规程，养成文明操作、安全操作的良好习惯。

实训器材

CD6140A 型车床　外圆车刀　端面刀　辅助夹具

工件图样

材料：45 钢　毛坯：Ø70 mm×40 mm　时间：60 min　单位：mm

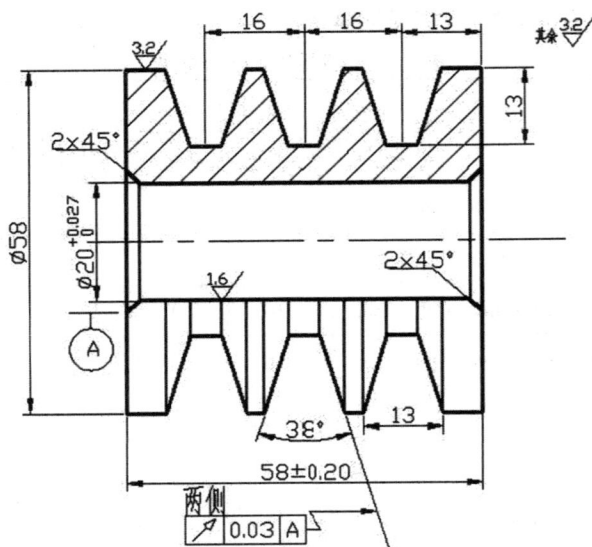

图 4-3 皮带轮加工

技术要求：

（1）沟槽与内孔一次车成并保证圆跳动。

（2）沟槽间距与槽深应保证一致。

表 4-3 皮带轮加工评分标准

序号	项目	考核内容	配分（分）		学生自评	小组评价	教师评价	企业评价
			IT	Ra				
1	外圆	Ø58 mm	10	5				
2	长度	66 mm	10	5				
3	带轮槽	深度 13 mm，角度 38°	30	12				
4	内孔	20 mm	10	4				
5	形位公差	圆跳动	10					
6	其他	端面 Ra3.2 μm（2 处）	2					
7		倒角（2 处）	2					
8		安全文明生产	酌情扣分					
	合 计		100					

实训项目二十八 动力输出传动轴加工

实训目标

（1）掌握动力输出传动轴的车削方法和要求。

（2）掌握动力输出传动轴工艺步骤和测量方法。

（3）培养学生遵守车工操作规程，养成文明操作、安全操作的良好习惯。

实训器材

CA6140 车床 活扳手 90°粗车刀 90°精车刀 45°车刀 切断刀

0～150 mm 的游标卡尺 25～50 mm 的千分尺 铜皮

工件图样

材料：20CrMnma 毛坯：Ø30 mm×425 mm 时间：120 min 单位：mm

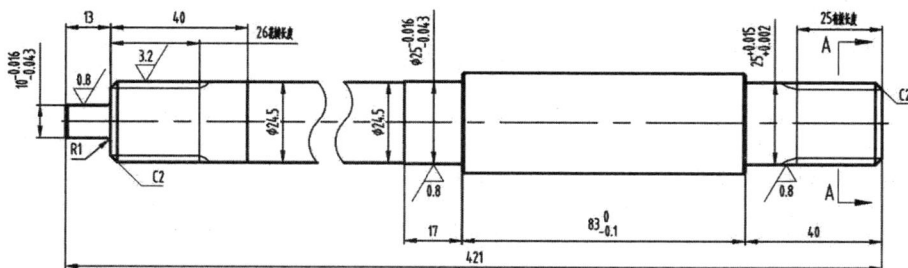

图 4-4 动力输出传动轴加工

技术要求：

（1）热处理：碳氮共渗。有效硬化层深 0.5±0.14 mm，表面硬化 HRC59-64，心部硬化 RC32-46。

（2）表面光洁，无裂痕、伤痕、锈蚀等缺陷。

（3）去锐边毛刺。

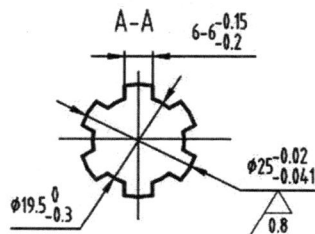

125

（4）金相组织按 JB/T5615 标准规定。

（5）未注倒角 $0.5 \times 45°$。

（6）花键用综合量规检验。

（7）其他 $Ra12.5\ \mu m$。

表 4 - 4　花键参数表

齿数	Z	15
模数	m	1.5
压力角及齿根形状	a	30°平齿根
公差等级和配合类别		6e - GB/T3478 - 2008
大径	Dee	$24^{-0.035}_{-0.055}$
渐开线起始圆直径最大值	$Dfenax$	20.93
小径	Die	$20.25^{-0.035}_{-0.215}$
实际齿厚最大值	$Smax$	2.284
实际齿厚最小值	$Smin$	2.224
作用齿厚最大值	$Svmax$	2.316
作用齿厚最小值	$Svmin$	2.256
齿根圆弧最小曲率半径	$Remin$	0.3
公法线长度（跨齿数）	$W/h3$	$11.188^{0}_{-0.05}$
跨棒距	MRe	27.005
量棒直径	DRe	3

工艺步骤：

（1）加工工艺分析（学生完成）。

（2）车削加工步骤（学生完成）。

表 4 - 5　动力输出传动轴加工评分标准

序号	项目	考核内容	配分（分）		学生自评	小组评价	教师评价	企业评价
			IT	Ra				
1	外圆	$25^{+0.015}_{+0.005}$ mm	2	1				
2		$25^{-0.016}_{-0.046}$ mm	2	1				
3		24.5 mm	2	1				
4		$10^{-0.016}_{-0.043}$ mm	2	1				
5	长度	421 mm	2					
6		17 mm	2					
7		40 mm	2					
8		13 mm	2					
9		25 mm	2					
10		$83^{0}_{-0.1}$ mm	5					
11	花键加工	左端花键	30	4				
12		右端花键	30	4				
13	其他	端面 Ra3.2 μm（2 处）	2					
14		倒角（3 处）	3					
15		安全文明生产	酌情扣分					
合　计			100					

模块五　车工考证技能训练

实训项目二十九
车工考证（初级）操作模拟样题

附件1　车工初级操作技能考核图样

名称：锥面螺纹轴　材料：45 钢　毛坯：Ø40 mm×145 mm

时间：200 min　单位：mm

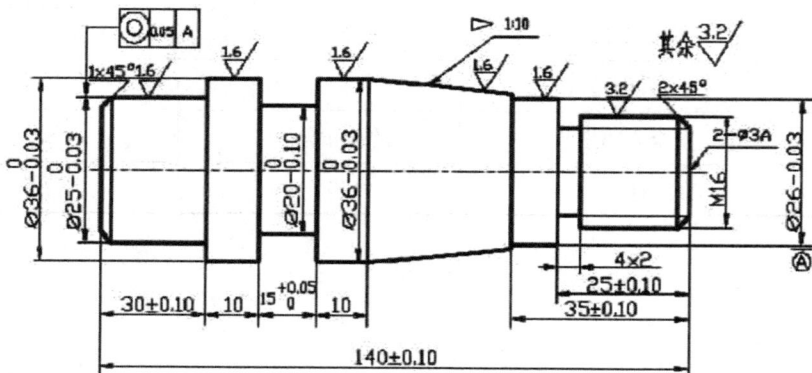

图 5－1　锥面螺纹轴

技术要求：

（1）各表面不许用砂布抛光。

（2）保留两端中心孔。

（3）未注明倒角 0.5×45°。

附件2　车工操作评分标准（100 分）

抽签号：＿＿＿＿＿＿＿＿＿＿　得分：＿＿＿＿＿＿＿＿＿＿

序号	项目	考核内容	配分（分）	评分标准	学生自评	小组评价	教师评价	企业评价
1	外圆	外圆公差（4 处）	5×4	超 0.01 扣 2 分超 0.2 不的分				
2		外圆 Ra3.2 μm（4 处）	3×4	Ra > 1.6 不得分				
3	槽	$\varnothing 20^{0}_{-0.16}$ Ra3.2 μm	5×3	超差，Ra > 13.2 不得分				
4		15 ± 0.05	6	超 0.02 不得分				
5	锥	1：10 Ra1.6 μm	6×4	超 +0.05`，Ra > 1.6 不得分				
6	螺纹	$\varnothing$16 mm Ra3.2 μm 两侧	3×4	超 $\varnothing 16^{0}_{-0.16}$ 不得分				
7		$\varnothing 14.7^{0}_{-0.16}$ mm	6	超 0.01 扣 1 分超 0.03 不得分				
8	长度	长度公差（4 处）	2×4	超差不得分				
9		10 mm（2 处）	1×2	超差不得分·				
10	倒角	倒角（2 处）	2×2	未倒不得分				
11		清角去锐边（7 处）	1×7	未倒不得分				
12	形位公差	同轴度	5	超 0.01 扣 1 分超 0.02 不得分				
13	外观	工件完整	2	不完整扣分				
14	安全	安全文明操作	3	违章扣分				
	合　计		100					

实训项目三十
车工考证（中级）操作模拟样题

附件 1　车工中级操作技能考核图样

名称：单球偏心螺纹轴　　毛坯：Ø45 mm×240 mm　　材料：45 钢

时间：240 min　单位：mm

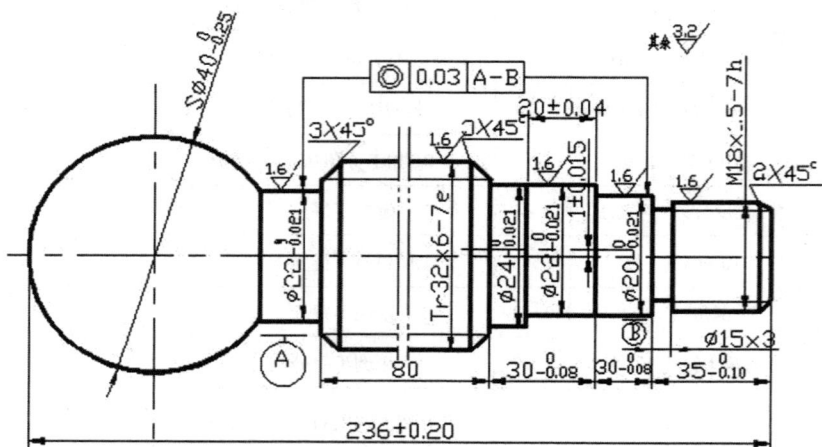

图 5-2　单球偏心螺纹轴

技术要求：

（1）该件左端允许留中心孔。

（2）不允许用锉刀、砂布修正工件。

（3）S40 不允许使用成形刀。

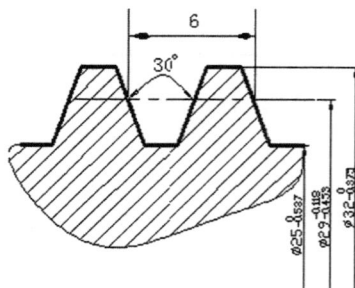

梯形螺纹牙形放大图

附件2　车工操作评分标准（100分）

抽签号：＿＿＿＿＿＿＿＿＿　　得分：＿＿＿＿＿＿＿＿＿

序号	项目	考核内容	配分（分）	评分标准	学生自评	小组评价	教师评价	企业评价
1	外圆	外圆公差（4处）	3×4	超0.01扣2分超0.2不的分				
2		外圆$Ra3.2\ \mu$m（4处）	3×4	$Ra>1.6$不得分				
3	球	$S\varnothing40^{0}_{-0.26}$mm $Ra3.2\ \mu$m	5×2	超差，$Ra>3.2$不得分				
4	梯形螺纹	$\varnothing32$mm $Ra3.2\ \mu$m 两侧	5×2	超不得分				
5		$\varnothing29^{0}_{-0.16}$mm $\varnothing25^{0}_{-0.16}$mm	6	超0.01扣1分超0.03不得分				
6	长度	长度公差（4处）	2×4	超差不得分				
7		80mm（2处）	1×2	超差不得分				
8	三角螺纹	M18×1.5mm $Ra3.2\ \mu$m 两侧	5×5	未倒不得分				
9	倒角	3处	2×3	未倒不得分				
10	形位公差	同轴度	4	超0.01扣1分超0.02不得分				
11	偏心距	1 ± 0.015mm	2	不完整扣分				
12	安全	安全文明操作	3	违章扣分				
	合　计		100					

实训项目三十一
车工考证（高级）操作模拟样题

附件1 车工高级操作技能考核图样

名称：圆头测量杆　材料：45 钢　毛坯：Ø35 mm×265 mm

时间：240 min　单位：mm

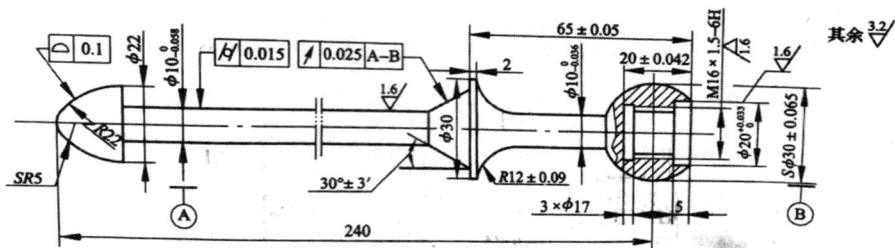

图 5－3　圆头测量杆

技术要求：

（1）未注外圆公差为 ±0.05 mm。

（2）未注长度公差尺寸按 IT11 加工。

（3）未注明倒角 0.5×45°。

附件2 车工操作评分标准（100 分）

抽签号：＿＿＿＿＿＿＿＿　得分：＿＿＿＿＿＿＿

序号	项目	考核内容	配分（分）	评分标准	学生自评	小组评价	教师评价	企业评价
1	细长轴	$Ø10^{0}_{-0.036}$ mm	6	超差不得分				
2		$Ø10^{0}_{-0.058}$ mm	20	超 0.01 扣 5 分				
3	内孔	$Ø20^{+0.033}_{0}$ mm	3	超差不得分				

续表

序号	项目	考核内容	配分（分）	评分标准	学生自评	小组评价	教师评价	企业评价
4	螺纹	M16 × 1. 5 – 6H	8	不合格不得分				
5	角度	30°	6	超差不得分				
6	圆球	S∅30 ± 0. 065 mm	12	超 0. 01 扣 3 分				
7	圆弧	R12 ± 0. 09	6	超差不得分				
8	双曲面	SR5 mm R22 mm ∅22 mm	5	不合格不得分				
9	长度	20 ± 0. 042 mm 60 ± 0. 050 mm	6	超差不得分				
10	形位公差	线轮廓度　圆跳动	6	超差不得分				
11		圆柱度	9. 5	超 0. 01 扣 4 分				
12	其他	7 项（IT12）	3. 5	超差不得分				
13	表面	$Ra3. 2 \mu m$（5 处） $Ra1. 6 \mu m$（4 处）	9	Ra 值大 1 级扣 1 分				
14	安全	安全文明操作规定		违章扣分酌情扣 1 – 50 分				
	合　计		100					

2009 年全国职业院校技能大赛普通车工操作样题

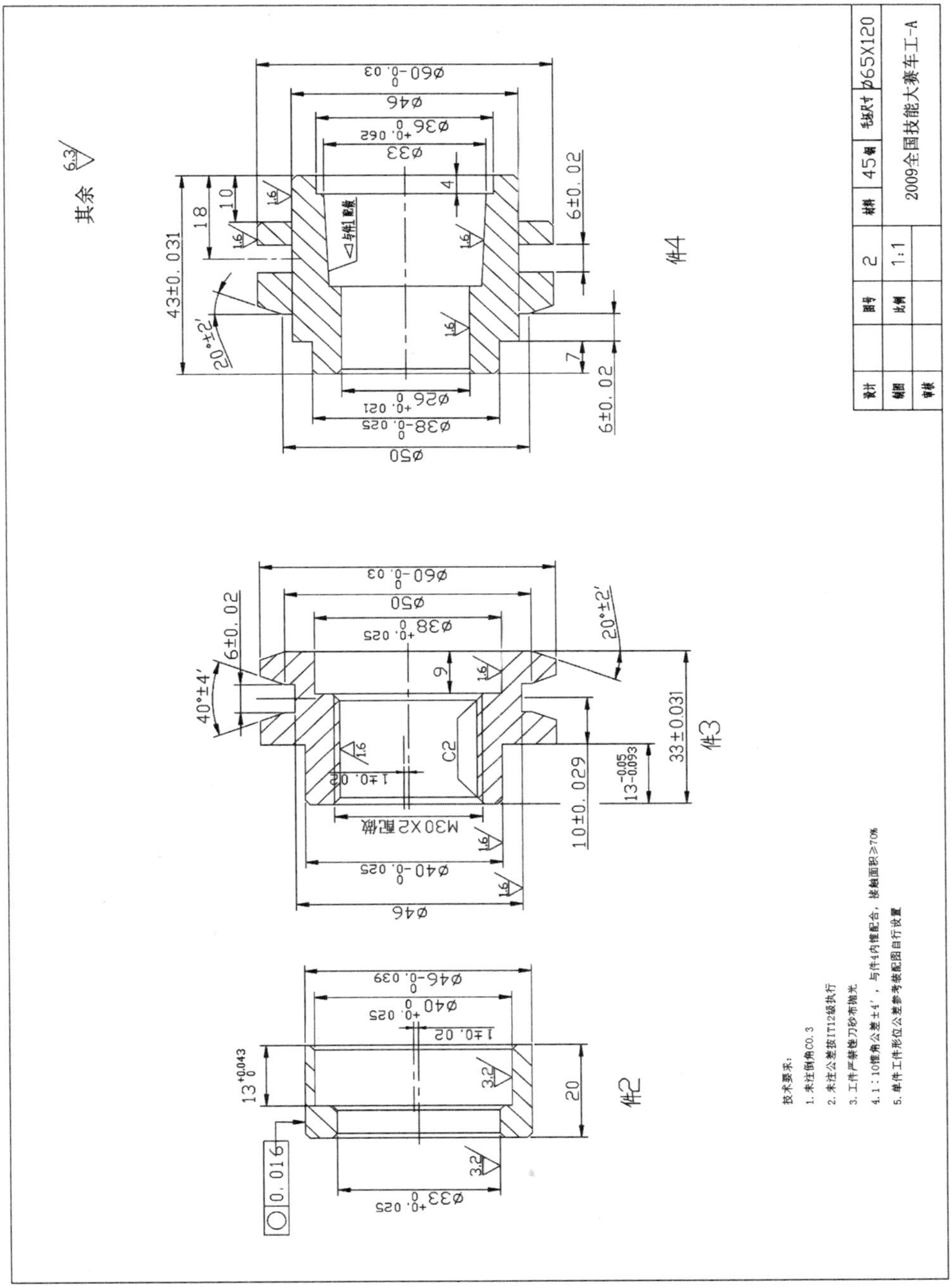

其余 6.3/

件4

件3

件2

技术要求:
1. 未注倒角C0.3。
2. 未注公差按IT12级执行。
3. 工件严禁使用刀胚布抛光。
4. 1：10锥角公差±4′，与件4内锥配合，接触面积≥70%。
5. 单件工作形位公差参考单配图自行设置。

设计				图号	2	毛坯尺寸	φ65X120
制图				比例	1：1	材料	45钢
审核							
					2009全国技能大赛车工-A		

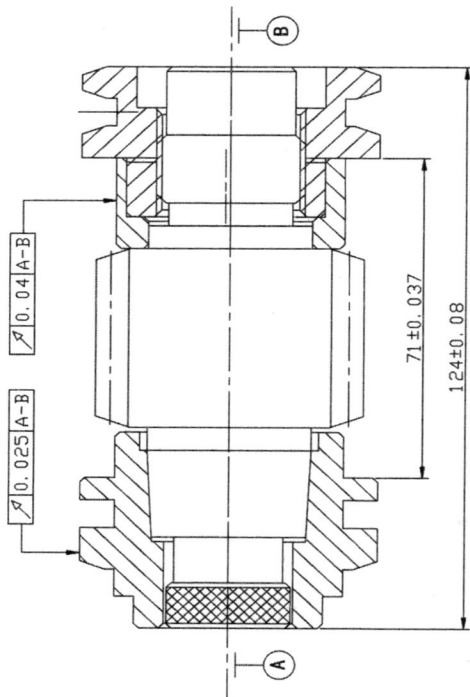

其余 $\sqrt{6.3}$

124±0.08

71±0.037

$\boxed{\angle|0.04|A-B}$

$\boxed{\angle|0.025|A-B}$

技术要求：
1. 未注倒角C0.3
2. 未注公差按IT12级执行
3. 工件严禁锉刀砂布抛光
4. 1：10锥角公差±4′，与件4内锥配合，接触面积≥70%
5. 单件工件形位公差参考装配图自行设置
6. 组合工件禁止二次加工

设计		材料	45钢	装配尺寸
制图	3		1：1	2009全国技能大赛车工-A
校核		比例		

136

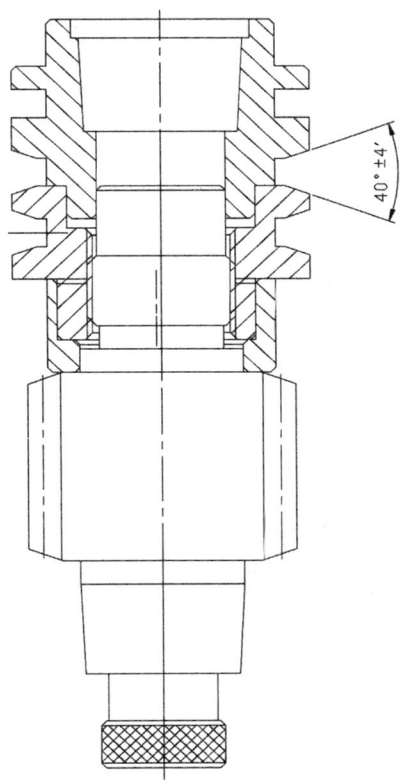

其余 $\sqrt{6.3}$

$40° \pm 4'$

技术要求:
1. 未注倒角C0.3
2. 未注公差按IT12级执行
3. 工件严禁锉刀砂布抛光
4. 1:10锥角公差±4',与件4内锥配合,接触面积≥70%
5. 单件工件形位公差参考装配图自行设置

设计			图号	4	材料	45钢	毛坯尺寸	
描图			比例	1:1				2009全国技能大赛车工-A
审核								

2016 年四川省中等职校技能大赛普通车工操作样题

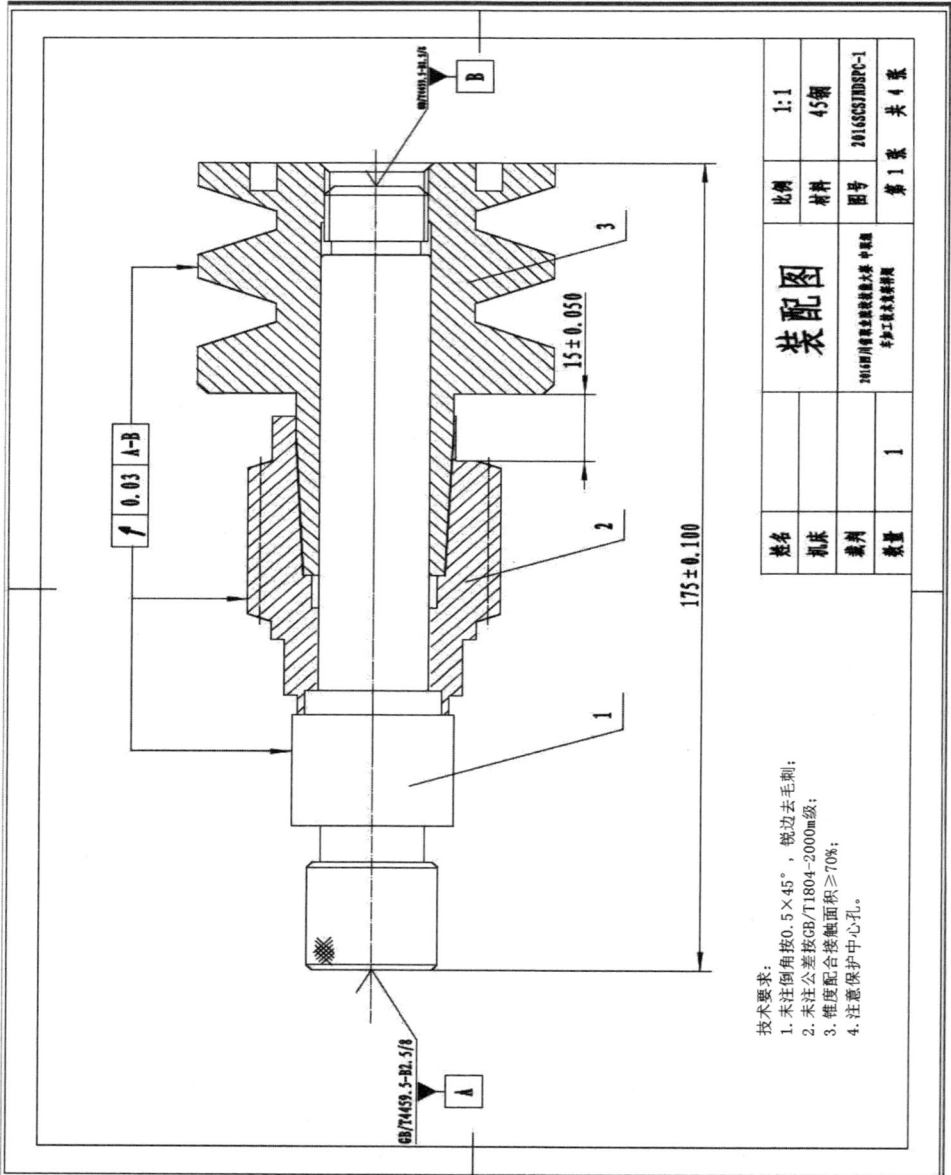

技术要求:
1. 未注倒角按0.5×45°，做边去毛刺;
2. 未注公差按GB/T1804-2000m级;
3. 锥度配合接触面积≥70%;
4. 注意保护中心孔。

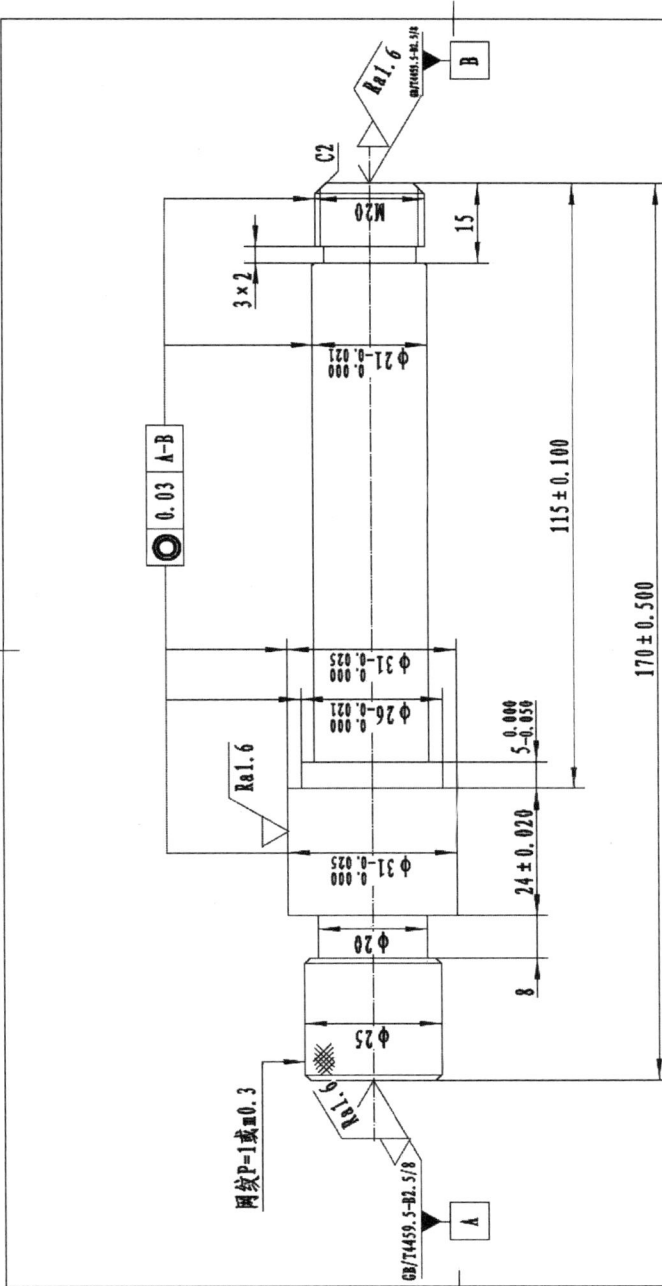

技术要求：
1. 未注倒角按0.5×45°，锐边去毛刺；
2. 未注公差按GB/T1804-2000m级；
3. 禁止使用锉刀、砂布、油石等辅助工具修整工件表面。

$\sqrt{Ra3.2}$ ($\sqrt{Ra1.6}$)

图名		比例	1:1
		材料	45钢
台阶轴		图号	2016SCSJMDSPC-4
2016四川省某某技能技术大赛 中某组		第 4 张	共 4 张
车加工等技术支持零部件图			

姓名		机床		数量	1

全部 $\sqrt{Ra1.6}$

技术要求：
1. 未注倒角按0.5×45°，锐边去毛刺；
2. 未注公差按GB/T1804-2000m级；
3. 禁止使用锉刀、砂布、油石等辅助工具修整工件表面。

皮 带 轮			比例	1:1
			材料	45钢
2016年内蒙古职业院校技能大赛（中职组）车加工技术技能赛项			图号	2016CSJMDSPC-3
				第 3 页 共 4 页
姓名				
机床				
素刚				
数量	1			

90

Φ30 0.000 -0.021

Φ21 +0.021 0.000

10

C2

40° ±5'

40° ±5'

C2

Φ38

Φ38

Φ38

M20

Φ48

Φ68 0.000 -0.030

5±0.100

13

1:10

6

15

15

5

15

50±0.030

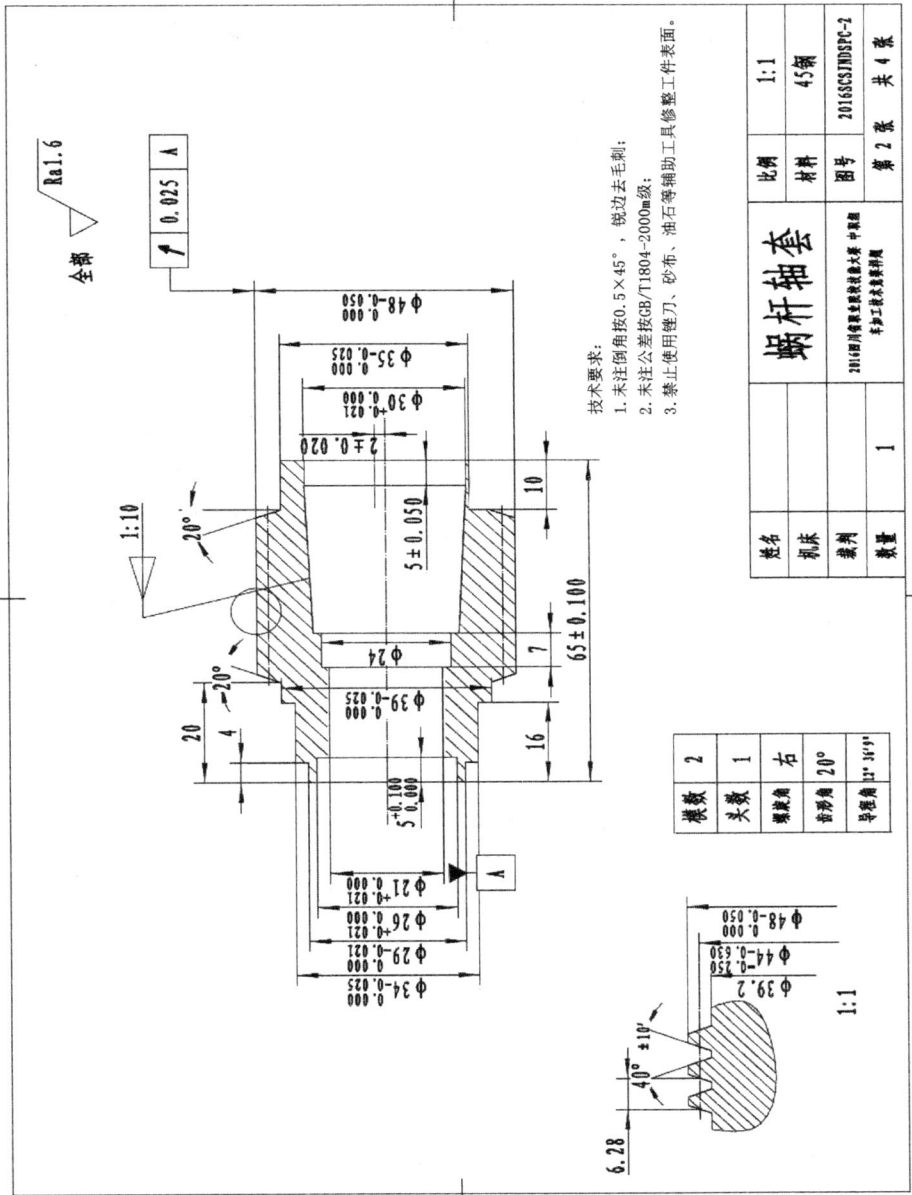

技术要求:
1. 未注倒角按0.5×45°，铣边去毛刺;
2. 未注公差按GB/T1804-2000m级;
3. 禁止使用锉刀、砂布，油石等辅助工具修整工件表面。

蜗杆轴套		比例	1:1
2016通用装置数控技能大赛		材料	45钢
车工技能竞赛模型		图号	2016GSJNDSPC-2
		第 2 张	共 4 张

姓名	
机床	
班别	
数量	1

模数	2
头数	1
螺旋角	右
齿形角	20°
导程角	12°14′1″

全部 √ Ra1.6

2018 年四川省中等职校技能大赛普通车工操作样题

序号	图样名称	图样编号	数量	材料
5	轴	ZZXB201803-6	1	45钢
4	梯形螺纹套	ZZXB201803-5	1	45钢
3	梯形螺母	ZZXB201803-4	1	45钢
2	阶台套	ZZXB201803-3	1	45钢
1	偏心套	ZZXB201803-2	1	45钢
机床		装配图	材料	
裁判		2017~2018四川省中职业技校技能大赛（中职级）车加工技术赛试题	图号	ZZXB201803-1
数量	1		第1张 共6张	

技术要求：

1. 按配图装配后交付；
2. 不允许使用锉刀、油石、砂布去除毛刺；
3. 装配过程中零件不允许磕、碰、划伤和锈蚀。

142

$\sqrt{Ra1.6}$

全部

技术要求:
1. 未注倒角C0.3, 锐边去毛刺;
2. 不允许使用锉刀、油石、砂布去除毛刺;
3. 未注角度公差按GB/T1804-2000m的要求。

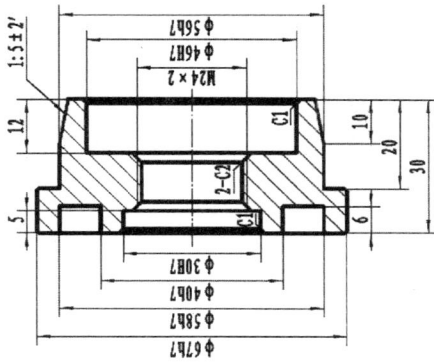

$\sqrt{Ra1.6}$ ($\sqrt{Ra3.2}$)

姓名				锥度套		比例	1:1
机床						材料	45钢
素形				2017~2018四川省中职学校教师技能大		图号	ZZJB201803-2
数量	1			赛(中果组)车加工技术竞赛样题		第 2 张	共 6 张

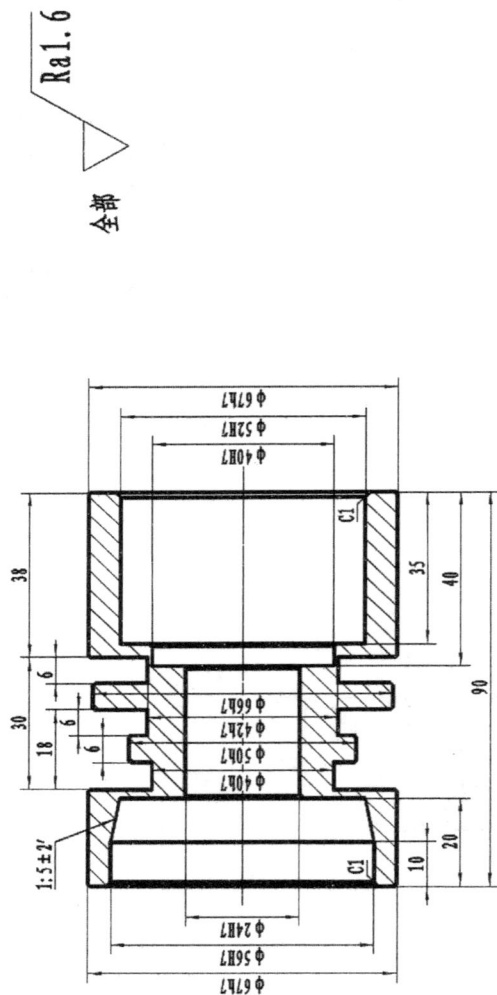

技术要求：
1. 未注倒角C0.3，锐边去毛刺；
2. 不允许使用锉刀、油石、砂布去除毛刺；
3. 未注角度公差按GB/T1804-2000的要求；
4. 锥度配合接触面积不低于百分之七十。

Ra1.6（ Ra3.2 ）		
阶合套	比例	1:1
	材料	45钢
	图号	ZZTB201803-3
2017—2018学年常州市青主体数技能大赛（中职组）车加工技术支持样题	第 3 张	共 6 张
姓名		
机床		
裁判		
数量	1	

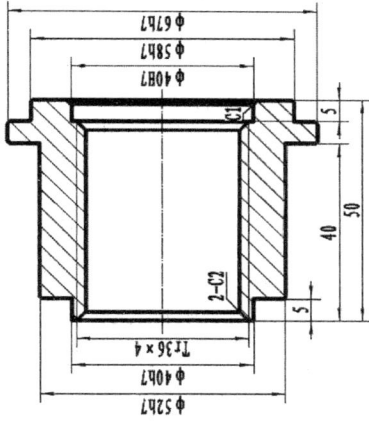

√Ra1.6 全部

技术要求:
1. 未注倒角C0.3, 锐边去毛刺;
2. 不允许使用锉刀、油石、砂布去除毛刺;
3. 未注角度公差按GB/T1804—2000m的要求。

√Ra1.6 (√Ra3.2)

姓名				比例	1:1
机床				材料	45钢
装刑				图号	ZZXB201803-4
数量	1		梯形螺母	第 4 张	共 6 张
		2017—2018年度中职学数控技能大赛《中职组》车加工技术竞赛样题			

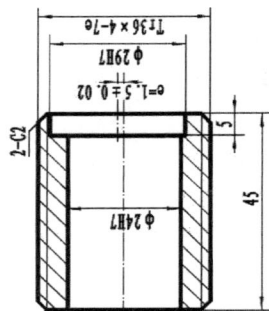

$\sqrt{Ra1.6}$

全部

$\sqrt{Ra1.6}$（$\sqrt{Ra3.2}$）

梯形螺纹套

2017-2018系列精品特色数量大集《中职数控车工技术水平精题》

姓名				比例	1:1
机床			材料	45钢
数量	1		图号	ZZJB201803-5
			第 5 张	共 6 张

2-C2

ϕ24H7

45

5

$a=1.5\pm0.02$

ϕ29H7

Tr36×4-7e

技术要求：
1. 未注倒角C0.3，锐边去毛刺；
2. 不允许使用锉刀、油石、砂布去除毛刺；
3. 未注角度公差按GB/T1804-2000m的要求。

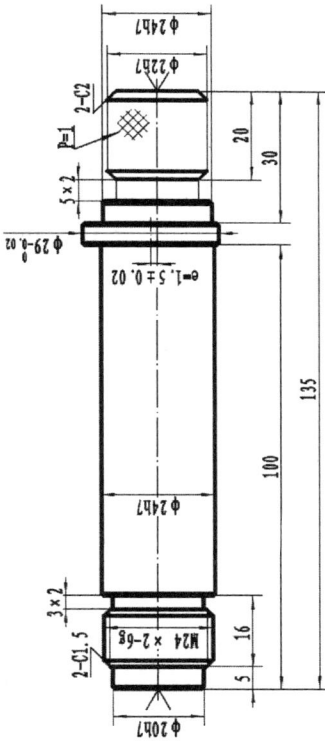

技术要求:
1. 未注倒角C0.3,锐边去毛刺;
2. 不允许使用锉刀、油石、砂布去除毛刺;
3. 未注角度公差按GB/T1804-2000m的要求。

			比例	1:1
			材料	45钢
	轴		图号	ZZXB201803-6
			第6张	共6张
姓名				
机床	2017—2018四川省中职业院校技能大			
裁判	赛(中职)车加工技术竞赛样题			
数量	1			

参考文献

1. 蒋增福. 车工工艺与技能训练［M］. 北京：高等教育出版社，2014.

2. 贾恒旦. 技术工人操作技能试题精选·车工［M］. 北京：航空工业出版社，2008.

3. 宁文军. 车工技能训练与考级［M］. 北京：机械工业出版社，2009.

4. 赵忠玉. 车工技能鉴定考核试题库［M］. 北京：机械工业出版社，2007.

5. 陈海魁. 车工技能训练［M］. 中国劳动社会保障出版社，2005.